三國時代最精彩的智謀奇學。
當代企業人士的商戰戰略寶典！

智典
三國謀略學

吳希妍　著

序言

本書從三國時代最精采的謀略典故，引申出現代社會各行各業戰略的使用模式，相信對當代人有著很多可引以借鏡的地方。同時，你也可以重溫許多精彩的歷史故事。

三國時期，謀略大師，如諸葛亮、司馬懿、曹操等戰略家，以及許攸、賈詡、程昱、徐庶等謀士，他們把謀略藝術運用得無比出色，取得了輝煌的成就，從而展示和發展了人類的智慧。可以說，謀略是人類智慧的花朵，寶貴的文化遺產。

《三國謀略》，領域之廣、內容之豐富、種類之繁多，遠非我們所能面面俱到，兼收並蓄。所以我們有針對性地將世人感興趣的兵法和智謀進行採編、選擇、選注、點評，並根據當代社會和市場經濟的發展需要，將兵法和智謀配以近當代在我們周圍所發生而鮮為人知的故事，從軍事和商業的角度，加深對傳統文化和優秀軍事思想的理解，使全書的主題顯現於讀者眼前，考慮到廣大讀者的讀書興趣及實用性，編寫本系列叢書，我們注意了古文的通俗性和普及性，充分體現了謀略學的絕妙境界。

目錄

隨機應變

釋義

「隨機應變」意為：伺機而作，靈活應付。

現實生活中，這個詞常被人們掛在口中，一來警示自己，二來提醒身邊的人。但是，要「隨機應變」，存在一定的難度。其關鍵在於如何「拿捏分寸」。從古到今，無論是軍事、政治，還是經濟活動，只要抓住了「機」，那「變」也就在必然之中了。一個人若能在現實生活中靈活應付，隨機應變，除了突顯其機智外，更可將其生命力表現得淋漓盡至。

謀略典故

這個智謀見於《三國演義》第四回『廢漢帝陳留踐位，謀董賊孟德獻刀』。

講的是：曹操謀刺董卓不成，隨機應變，得以逃脫性命。

典故名篇

❖ 李嘉誠成功變變變

自古英雄多磨難。現今已貴為香港首富的李嘉誠也未能免卻這條規律。

李嘉誠生於多災多難的一九二九年，祖籍廣東潮州，本是書香世家出身。

一九三九年，日寇的鐵蹄瘋狂踏進潮州地區。李嘉誠一家在萬般無奈之下，做出了背井離鄉的決定，舉家逃往香港。

至今李嘉誠仍然念念不忘當年與父母弟妹逃難時的情形：因為家鄉處於日寇封鎖中，只能在夜晚行動；又不敢走大路，只好選擇幽僻崎嶇的山路。一家人手牽著手，摸索著前行。摔倒了，劃傷了，不敢哼、不敢叫，更不敢哭……歷盡千辛萬苦，步行了十幾天，爬過了一道道封鎖線，全家終於到達香港，寄居於舅父莊靜庵家中。

每次回想起來，他總是不勝唏噓：「當年不死於日本人的亂槍之下，真是命大！」

「人往高處走，水往低處流。」與其坐視家破，不如走而思變。從這一點上看，李父李雲經必是有機變遠謀之人。「什麼根，出什麼果。」日後李嘉誠在商界表現出來的深謀遠慮，隨機應變，可謂根出於父。

大凡事業上有所成就的人，無一不具有強烈的獨立精神。李嘉誠17歲時離開舅父的鐘錶公司，加入「行街仔」的行列，成為一家五金製造廠及一家塑膠褲帶製造公司的推銷員，開始了獨自闖天下。

李嘉誠個性內向，有點拘謹，從外表上，絕看不出他是個天才推銷員。然而，他的表現當真是可圈可點。後來，他自己這麼回憶這段日子：

「我17歲就開始做批發推銷員，更加體會到掙錢不易，生活的艱辛。別人做8個小時，我就做15個小時。7個推銷員中，我年齡最小，經驗最少，但我的推銷成績最好，是第二名成績的7倍……18歲時，我做了部門經理。兩年後，我當上了總經理。」

李嘉誠當年如何憑藉為數不多的推銷經驗，一舉大獲全勝？至今人們仍不得而知。也許他是把他當年的推銷經驗視作他商業王國的最高機密，是以絕口不言吧？

他提過他從事推銷工作的兩點體會：一是勤勞；二是創新。

有人說：「成功的推銷員就是已成功一半的老闆。」此話不假。

野心和能力往往是一對孿生兄弟。

一九五〇年，韓戰爆發、中共涉入，美國實施對中國大陸禁運，香港的轉口貿易受到衝擊，卻反使製造業興旺起來，紡織業、塑膠產業等輕工製造業更是應運而發。李嘉誠看中了塑膠產品廉價、耐用，可代替木材、金屬、陶瓷等進入生活中任何一個角落的廣闊前景，所以他選擇了塑膠製造業。

說幹就幹。一九五〇年夏天，李嘉誠與幾個年輕朋友籌集了5萬元港幣，在筲箕灣開辦了長江塑膠廠，專門生產塑膠玩具和簡單日用品。

像所有剛起步的新企業一樣，長江塑膠廠也遇到了重重困難和阻力——資金不足、設備簡陋、質量不好、虧損嚴重、被人排擠等等……李嘉誠頑強拼搏，奮力將長江塑膠廠維持下去。但是，仍然避免不了經營的慘淡。

「一定是什麼地方不對路……」他腦子裡轉個不停。不對路就要變——毫不猶豫，這是他成功的關鍵——永不拘束於某一既定的事實，隨機應變。

一天深夜，他翻開《塑膠》雜誌。在不大顯眼的邊角，他看到一條消息——一家義大利公司利用塑膠原料製造的塑膠花即將傾銷歐美市場。現在是承平時期，世人的生活正不斷改善，越來越需要用花草美化環境。從住家到公司，從私人結婚喜慶到團體開業慶功，都需要鮮花。但真花真草生長周期長，難侍弄，且壽命短暫。這些方面，塑膠花都可以一一彌補。

塑膠花大有可為！他興奮起來，強烈地預感到：一個塑膠花時代即將到來。

他立即躊躇滿志，奔赴義大利學習塑膠花技術。同年取經回來後，立即轉產「塑膠花」。這在當時是冷門行當，許多人都表示不解與懷疑。但是，正當許多同行還在老行當裡埋頭苦幹之際，「長江塑膠花」已到處開花，大賺其財。

歐美及本地的訂單像雪片般飛來。那年年底，李嘉誠不得不擴大生產規模，長江塑膠廠也更名為長江工業有限公司。

先見之明和一番艱苦的努力，使李嘉誠成了「塑膠花大王」。但功成名就之後，他並不因此滿足。他更進一步把眼光投向遠處。

一天晚上，他突然發現了理想的目標——地產。

說變就變。一九五八年，他在北角購地，興建了一座12層高的工業大廈。

同時，「長江」的投資重心開始轉移，減少塑膠花生產線，增加塑膠玩具生產，大力拓展國際玩具市場。

而那些遠遠尾隨「長江」的小廠商還在做「塑膠花」美夢，不知覺醒。到了一九六四年，塑膠花開始「凋謝」，許多塑膠花廠商叫苦連天，李嘉誠卻高枕無憂。

一九六〇年，李嘉誠又在柴灣購地，興建工廠大廈。

一九六五年2月，香港爆發銀行信用危機。在擠提狂潮中，數家銀行的分行倒閉。連實力雄厚的恒生銀行也因而受控於匯豐銀行。因銀行危機的衝擊，房地產價格暴跌。一波未平，一波又起。一九六七年5月爆發香港左派的反英暴動，使地產界更是雪上加霜。此後兩年，港人人心惶惶，紛紛拋售固定資產，遠走高飛。

在香港地產界最低潮、最黑暗的時期，李嘉誠再次展現出他獨具慧眼的膽識。他利用這個千載難逢的時機，不動聲色地大量低價吸納地產物業。

一九七一年6月，他成立了長江地產有限公司，「長江」巨艦正式駛進房地產的浩瀚大洋。

從一九五八年擁有樓宇12萬平方米，到1970年代初，李嘉誠已擁有樓宇630萬平方米。

而經過近五年的地產危機之後，70年代，香港經濟又開始復甦，地產也勃發生機，李嘉誠的財富，一夜之間，以幾何級數飄升。

一九七二年，「長江」駛進股市，從中吸納了散金游資，實力更增，奠定了「地產王國」的根基。

在李嘉誠經歷的無數次吞併反吞併的商戰之中，最能反映其隨機應變，見風使舵之精明本色的一役，要算是聞名香江的「收購九龍倉大戰」了（編按・九龍倉是一家上市公司，經營的項目包括港口及相關設施，地產及酒店與百貨零售等）。

一九七八年，正當深藏不露的「長江」暗地裡偷偷吸納九龍倉股票，想控制九龍倉這塊肥肉時，半路突然殺出了「船王」包玉剛。後者對九龍倉垂涎已久、志在必得，而且其財力雄厚，完全有實力與英資怡和集團——九龍倉集團真正的主人一較高低。

李嘉誠雖然也想得到九龍倉，但他深知自已勢單力薄，與老牌的怡和相比，已顯出敵強我弱；在反收購行動中，怡和又尋求到匯豐銀行的支持，勢力更是大大加強。何況，還有第三者包玉剛的介入，他的勝算更是大減。

李嘉誠機智地退卻下來，轉手把一千多萬股九龍倉股票賣給了包玉剛，賺取了五千多萬港元，且得到包玉剛手中的和黃（和記黃埔是著名的跨國綜合企業公司）股份，增加了與船王的友誼，又因退出爭奪，贏得匯豐銀行的好感，為日後爭得和黃打下了基礎。

因這場收購戰，九龍倉股票由10多元躍升至100多元，最後以包玉剛成功收購九龍倉而結束。港人在歡慶九龍倉回到中國人手中，並祝賀包玉剛成功之時，卻鮮有人知悉李嘉誠乃這場戰役中，不露聲色的真正贏家。

❖ 冰製油管創奇蹟

日本南極探險隊第一次準備在南極過冬，便設法用運輸船把汽油運到越冬基地。由於準備工作不充分，在實地操作中發現輸油管的長度根本不夠，而且一下子也找不到另外備用和可以替代使用的管子。再回日本去運，時間需要近兩個月。怎麼辦？這下子把所有隊員給難住了。大家你看看我，我看看你，束手無策。

這時候，隊長西堀榮三郎突然提出一個很奇特的設想：「我們用冰做管子吧！」冰在南極太豐富了。但怎樣使冰變成管狀呢？很多人還是「丈二和尚，摸不著頭腦」。

西堀說：「我們不是有醫療用的綳帶嗎？就把它纏在已有的鐵管上，上面淋上水，讓它結冰、然後拔出鐵管，這不就成了冰管子了嗎！然後把它一截一截接起來，要多長就有多長。」

西堀的聰明之處在於隨機應變，通過已知的東西作媒介，將毫無關係的要素結合起來；也就是取各種物品的長處，把它們結合起來，再製造出新物件。

❖ 精誠所至，金石為開

一九四六年4月，土光敏夫被推舉為石州島芝浦透平公司總經理。當時，日本戰敗，百姓生計窘迫，一日三餐不保，企業的發展更是困難重重。其中最大的困難就是籌措資金。即使是那些著名的大企業，資金也相當緊，更何況芝浦透平這種沒什麼背景的小公司，就更沒有哪家銀行肯痛快地借錢給它了。土光擔任總經理不久，生產資金的來源就擱淺了。為了籌措資金，他不得不每天去走訪銀行。

一天，土光端著在車站上買的盒飯，信步走到第一銀行總行，與營業部部長谷川重三郎（後升為行長）商議貸款事項。

「今天無論如何都得借到，借不到就不回去！」土光一上來就擺出了不達目的，誓不罷休的氣勢。

「可我的手頭沒有能借給你的款項呀！」長谷川一副愛莫能助的

樣子。

雙方你來我往，談了半天，也沒談出結果。

時間過得飛快，有些疲倦的長谷川想要溜走。土光慢條斯理地拿出帶來的飯盒，說：「讓我們邊吃邊談吧！談到天亮也行。」他硬是不讓長谷川與營業員走開。

對於土光的「飯盒作戰」，長谷川只好服輸，最終借給了他所希望的款項。

後來，為了使政府給予機械製造業補助金，土光曾以同樣的方式向政府提出要求。於是，在政府機關集中的霞關一帶傳開了「說客」土光隨機應變的勇名。

土光敏夫的「飯盒作戰」戰術表現上似有點軟磨硬泡的無理性，實際上，他是以自己的真誠感動對手，從而達到自己的目的。

（編按・土光敏夫〔1896-1988年〕是日本戰後昭和時代相當成功的企業家，日本經濟團體聯合會第4代會長，對日本的經濟復甦有很大的貢獻。）

金蟬脫殼

釋義

「金蟬脫殼」意為：保持陣地的原形，造成自己還在原地的假象，使敵方不敢輕易冒進。在製造金蟬的背後，真實目的是脫殼。

這個謀略在軍事上使用，是脫離危境，擺脫敵方的一種方法；在商業活動中，也是為擺脫劣境、險境，掩蓋自己的真實目的。了解其真實含意，可幫助我們渡過危險的階段，再圖進取。

謀略典故

這個智謀見於《三國演義》第五回『發矯詔諸鎮應曹公，破關兵三英戰呂布』。

講的是：祖茂為保護孫堅，戴上孫堅的赤幘（紅色的頭巾），讓孫堅逃脫華雄追殺的典故。

典故名篇

❖ 庫圖佐夫計甩追兵

一八一二年6月，拿破崙入侵俄國。9月14日，俄軍總司令庫圖佐夫下令撤離莫斯科，實施轉移，以便保存實力，再圖大舉。

俄軍主力退出莫斯科後，拿破崙派法軍元帥繆拉率領騎兵軍團緊緊跟蹤，準備將其斬盡殺絕。為了保留住俄軍所剩的這部分珍貴力量，庫圖佐夫精心策劃了一次「機動行軍之計」。他命令軍隊先沿莫斯科城外的大道向東南方退卻；行軍約30公里後，再突然掉頭，渡過莫斯科河西進。

為了甩掉跟蹤的法軍，庫圖佐夫派出一支哥薩克騎兵繼續沿大道前行。哥薩克騎兵的鐵蹄揚起陣陣塵土，法軍從後面看去，以為俄軍士兵正爭先恐後地向東南方拼命逃竄。片刻後，追蹤的法軍發現前面的俄國逃兵似乎越走越快，好像都騎著馬。於是法軍也加快速度，奮勇追擊。

這樣，追趕的法軍同已經向西轉移的俄軍主力越離越遠。俄軍主力以強行軍速度西進，努力遠離，擺脫法軍。五天後，俄軍再向西南行進。10月2日，俄軍已經抵達安全地區的塔魯丁諾了。

由於庫圖佐夫詭祕行軍，妙布疑師，拿破崙在以後很長一段時間裡，都不知道俄軍從莫斯科撤出後，到底去向何處。

「金蟬脫殼」是一個古老的戰爭策略，一般施用於退卻的過程中。它的特點是：製造假象，施放煙幕，以小部隊吸引追擊者的注意力，誘使敵人上當，主力部隊趁機退到安全地帶。

❖ 李嘉誠金蟬脫殼

「金蟬脫殼」是擺脫敵人，轉移或撤退，完成特殊任務的一種分身法。運用此計，關鍵在於「脫」，務使內容雖變而形式尚存，已走而似未動，才能穩住敵人，抽身他去。香港富商李嘉誠與怡和行較量一役，就成功地運用了此一計策。

李嘉誠是香港70年代崛起的地產商，他幾乎把整個香港的每一塊土地、每一棟房屋都思量過，把每家上市公司的股市行情都分析透，再配合他特有的挖「牆角」絕技，獲得許多公司的內部情況。有一次，他獲得一項絕密情報——香港最大的英資洋行怡和雖然是九龍倉有限股份公司的大東家，但它實際上所佔股份還不到20%，簡直少得不成比例。這說明怡和在九龍倉的基礎相當薄弱。

當時，尖沙咀已成為繁華商業區，其旁邊的九龍倉，實際地價可說寸土千金，而股票價格卻多年未動，股票面值低得不成樣子。這些都是爭奪九龍倉的有利條件。如果大量購入九龍倉股票，就可以與怡和公開競購。持股的百姓，在相同條件下，當然更願意賣給香港人。

因此，早日購足50%的股票，取代怡和，成為九龍倉的大東家，就有權運用九龍倉的土地發展房地產，堪稱一本萬利。

李嘉誠得到這一消息，當即決定，分散吸進九龍倉股票。從一九七七年起，他悄悄地分散分名，吸進18%的股份。

此舉使九龍倉股票每股由10港元飛速上漲到30餘元，引起怡和洋行的警覺。這場偷襲戰終於轉入陣地戰。

兩軍對壘，李嘉誠的實力大大弱於怡和洋行，硬拼實難取勝。此時，他若繼續入股，怡和洋行必然會高價回收九龍倉股票。怡和財大氣粗，他必將慘敗無疑。

李嘉誠不愧是一流商賈，他決定以退為進，金蟬脫殼，尋找一個代替自己同怡和作戰的高手，將全部股票高價賣給這個人。

一九七八年9月的一天，在中環文華閣的高級包廂裡有兩位身穿中式服裝的本地客，使用普通話進行了一次短暫又神祕的會商。時間雖只20分鐘，卻決定了一項價值20億美元的九龍倉脫離英資怡和洋行的關鍵性交易。

這兩人中，一個是地產商李嘉誠，另一個是船王包玉剛。

李將二千萬九龍倉股票全部賣給包玉剛，包則將幫李從匯豐銀行中承購英資和記黃浦股票九千萬股。協議之後，兩人皆大歡喜。

李知難而退，退中獲利，既賣得人情，又富了自己，豈不英明！包則借李的情報和卓越的判斷，將實現久已深藏心中的宿願。包自知確有實力，勝怡和心中有數，此妙計正用得上，不費吹灰之力，一舉獲得18%的九龍倉股票，開盤就有與怡和相等的實力，怎能不高興！

而且，李嘉誠成功地為包玉剛打了個掩護。怡和發現李停手不幹，誤認為全局已化險為夷。雖說包接手吸收九龍倉股票，怡和卻認定他是順勢搶購，還譏笑他自找倒楣，判斷九龍倉股票不久即會下跌。待它發現九龍倉股票持續上漲，並未回落，包已大刀闊斧，僅用一個季度，就吸收了另外一千萬股，佔有30%的九龍倉股份了。一九七九年初，九龍倉股票價格已達50港元。怡和此時心急如焚，意圖出高價回收九龍倉股票，卻回天乏術，大勢已去。

❖ 一袋鈔票救劫犯

三名持槍歹徒搶劫了美國加利福尼亞州一家銀行。為了避免人身傷害，經理待三名歹徒逃離之後，才撥電話報警。警方聞訊出動，派出警車緊緊追趕歹徒。車行至金門大橋，歹徒的車已遙遙在望。正在這時，歹徒突然將一個裝滿鈔票的大袋子扔下車。後面的車輛躲閃不及，撞破了鈔袋，頓時鈔票飛舞。許多路人一擁而上，奮力搶錢，有人因此遭後方來車撞死。許多行車司機也不顧危險，停下車子，衝入搶錢的人流之中。交通立即陷入癱瘓。追擊歹徒的警察只能望洋興嘆，歹徒則趁亂不慌不忙地揚長而去。

此案，歹徒當真聰明絕頂，選擇了最好的地段實施金蟬脫殼之計。可以想見，若不在金門大橋上，肯定造不成這種效果。

趁火打劫

釋義

「趁火打劫」意為：乘敵方遭逢危難，趁機出擊，一舉成功。

即把握時機，以強擊弱，克敵制勝。此策略在古代和現代的軍事、經濟中被普遍運用。

現代商戰中，競爭激烈，大浪淘沙，如果經營不善，決策失誤，常導致企業關閉或破產。這無疑給產業結構調整、資產重組、人員重新配置都帶來新的機遇。因此，在認識「趁火打劫」的微妙之後，應把握時機，尋求新的出路和新的騰飛點。

謀略典故

這個智謀見於《三國演義》第七回：『袁紹磐河戰公孫，孫堅跨江擊劉表』。

講的是：袁紹背信棄義，獨吞冀州的典故。

典故名篇

❖順風吹火，用力不多

漢末，天下大亂，群雄割據。已控制黃河流域的曹操意猶未足，一心想統一天下，便率領60萬大軍，號稱百萬大軍，浩浩蕩蕩向據有江東的孫權挑戰。

對曹軍來勢，孫權臣屬按文武分成主戰和主降兩派，展開激烈的辯論。後來，經孔明說合，以周瑜為代表的年輕武將主戰的意見得到肯定，東吳決定滙集劉備的1萬軍力，聯合抗曹。

曹軍與周瑜水師隔江對峙於赤壁。此時，曹軍面臨兩大問題：一、士兵中流行疾病；二、士兵多為北方人，不擅水戰。

因此，東吳借龐統之計，派出說客，勸使曹軍以鐵鎖將船隻聯成一體，為火攻提供了條件。這是後話。

此時，吳軍將領黃蓋向總都督周瑜獻計：「敵我力量懸殊，若打持久戰，恐難以取勝。現曹軍的戰船連成一體，火攻乃為上策。」

關於「火攻」，周瑜心裡早已有數，現經由部將提出，更增強他的信心。於是他下令做火攻的準備。

首先，吳軍在數十隻快船，上堆滿柴草，並浸上易燃油料，在後面各繫一隻小船，備士兵逃回時使用。

一切準備就緒，周瑜命黃蓋向曹操詐降，約定時機，共破曹軍。

也許是天機巧合，冬季罕見的東南風竟刮了起來。時機成熟，黃蓋便暗中在曹軍船上點火。風助火勢，火借風威，一時間，曹軍連環船陷入一片火海，船上將士或被燒死，或落入江中溺死，60萬大軍霎時間灰飛煙滅。曹操慌忙逃回北方，「三國鼎立」之局就此形成。

這就是中國歷史上有名的「赤壁之戰」。吳軍之所以取勝，自然是得益於風助。此即「順風吹火，用力不多」。

不管做什麼事，都不能一味蠻幹，要想方設法發掘有利於己的優勢，藉由他人、自然等外力的幫助，以小代價贏得大勝利。人都有不順利的時候。但是，只要你能冷靜地思考、觀察，總能發現有利於自己的因素。在此基礎上，揚長避短，積極行動，就可能化劣勢為優勢，扭轉乾坤。

❖ 摩根財團要挾美國政府

一八九四年，美國財政部的庫存黃金大量外流，市面上掀起了搶購黃金的風潮。美國總統格羅弗・克利夫蘭求救於大金融家摩根和貝爾蒙，請他們想辦法穩定金融市場。

摩根深知，這次搶購黃金的風潮與各地工人為爭取8小時工作制舉行的罷工有關，而且政府已到了黔驢技窮的地步。

於是，他同貝爾蒙擬定出一個計畫，由他們兩家銀行組織一個

「辛迪加」（是一種低層次的壟斷行業型態），承辦黃金公債，一則可解財政部之危，二則可獲得高額利潤。

然而，他為此提出的條件非常苛刻，美國總統不肯接受。

摩根通過祕密渠道，已探知國庫存金只剩九百萬元。他決定趁火打劫，逼美國政府就範。他對格羅弗・利夫蘭總統說：「總統先生！據我所知，××先生手裡就有一張總額一千二百萬元，今天到期的黃金支票，如果他明天兌現，那就一切都完了。只有我的計畫才能確保美國渡過難關。」

總統因走投無路，只好屈服。當夜，摩根即取出大量美元交給財政部，幫助財政部融通資金。當然，摩根財團的先予，目的是為了後取。在後來承辦政府公債的過程中，摩根財團利用市場差價，輕而易舉地淨賺了一千二百萬美元。

❖ 搶佔先機，獨斷財源

日本江戶時代的小商人河村瑞賢也曾運用「趁火打劫」之計，大賺其錢，擠身到富商行列。

河村瑞賢出身於伊勢貧窮的鄉下，年輕時就到了江戶（今天的東京），經銷「漬物」泡菜食材，在市郊租了一個店面。

河村能夠一躍成為大商人，得利於一場大火。

那場大火適逢強風，很快蔓延至各個街市。

河村判斷：「這是前所未有的火災！」

於是，他即刻叫老婆，孩子去避難，自己略加裝扮，帶著所有的銀子離開江戶，僱乘快轎，連夜趕往木曾。他想在大火的消息傳到木曾的木材批發商耳中之前，買斷所有木材。

抵達木曾之後，他先找到最大的木材批發商，故意給恰在門口遊玩的幾個孩子三枚金幣。批發商看到此景，非常吃驚，心想：這人一定是個大富翁。

河村瑞賢已看到批發商的反應，便慢條斯理地說出他的來意：

「我是江戶人，這陣子標到了一件大工程，必須購買大量木材。我馬上會來這邊收購，現在先付定金，貨款不久之後就叫人送來。」

雖然是初次見面，批發商看對方一副大人物的派頭，根本沒有懷疑他在打什麼歪主意，因而不提任何異議，當即成交。

河村於是拿到了這張契約後，就大加利用。當地的其他批發商看了他手持的契約，都說：「我們都會照辦！」

於是，木曾地區的全部木材都由河村瑞賢買了下來。

貨款當然沒有送來，來的卻是晚一步趕到的其他江戶木材商。他們面對河村瑞賢的價格，惟有照單收購。頃刻之間，河村就用下訂的方式，輕易地賺上好幾千兩的銀子。

連環計

釋義

「連環計」意為：敵方勢力強大，兵多將廣，不適於強攻硬打。此時，可使用此計達到牽制，進而削弱，甚至消滅敵方的目的。從字面理解，連環計有「一環扣一環，環環相扣」的意味。

並非連續施用兩個以上的計謀，就是連環計。其關鍵在於運用計謀，使敵方自疲自累自煩，然後趁勢取勝。

在市場經濟的大潮中，此計頗被商家看好。尤其是談判中，其使用率很高。而且，此計正被不斷賦予新的理解、新的認識。

謀略典故

這個智謀見於《三國演義》第八回『王司徒巧使連環計，董太師大鬧鳳儀亭』。

講的是：王允設計，讓貂蟬媚惑董卓和呂布，挑起這義父義子倆人的矛盾。最終，呂布憤而刺死「情敵」董卓。

典故名篇

❖ 故事中的故事

一九一九年，美國鋼鐵工人進行大罷工。當時，鋼鐵工會打入資本家內部的一名間諜通知工會領導人福斯特：鋼鐵公司的老闆常常獲得工會組織委員會的記錄。這一消息使福斯特吃驚不小。因為工會組織委員會共有45名代表，人手一份記錄，而蠟紙的底稿是由他親自銷毀；而且那45名代表一都很忠誠。那麼，工會記錄怎可能落入敵人手中？起初，福斯特以為這只是偶然現象。然而，以後雖然格外小心，記錄卻仍繼續失竊。

為此，福斯特開動腦筋，設了一條「順藤摸瓜」之計。他在45份記錄中打上不同的記號。記號做得非常仔細，務求肉眼無法辨認出來，而且僅有他一人知道。過了一段時間，打入資本家內部的那位同志把敵人盜去的影印件複製了一份，上面就呈現出福斯特所設計的一個記號。通過這一記號，福斯特查到了被盜竊的記錄是送給芝加哥鐵匠國際兄弟工會全國辦公室的那一份。他立刻派人監視這辦公室，終於捉住了偷送記錄的女內奸。她的辦法是把記錄偷走一晚，影印後，

第二天早上送回原處。

女內奸自以為神不知鬼不覺，卻終被福斯特捉住。

有些問題看起來十分複雜，無從著手。然則，通過順藤摸瓜的方法，即可一步一步接近目標。

❖「連環套」經營術

俗話說：「喊得響，不如擺得顯。」以實際行動樹立威信，增強信譽，不僅政治上必須如此，在商業活動中又何嘗不應如此！

一文不名的猶太人雷克萊，因炒股票發跡，在他成為10億美元巨富的歷程中，創造了一種「連環套經營法」。這種經營法特別強調「不使用現款」的有效策略。

他運用資金時所採取的方式有兩種：

一、用公司資產作抵押，獲得信用貸款，再去買下一家公司；

二，以一家公司的資產作為基金，去取得另一家公司的控制權。

雷克萊常用第一個方式，他認為這個方式最有利。假如實際情形不允許採取第一個方式，非得運用第二個方式不可，他寧願用現款買下一家公司。其先決條件是：從買下的這家公司，馬上可以獲得更多可以運用的現款。

不可小看雷克萊的這兩種方式。如果抓住機遇，適當運用相似的方式，要擁有幾家公司、甚至上百家公司，也不完全是幻想。難怪雷克萊移居美國僅僅幾年後就敢誇下海口，要在10年內賺到10億美元！他在明尼亞波利，以炒股票的方式得到速度電版公司的股權後，立即用此公司的財產作抵押，買下美國彩牌公司。其後又用同樣的方法，吞併了其它幾家公司，從而使他為實現自己的宏圖大志奠下強大的經濟後盾。

初施計謀得手之後，雄心勃勃的雷克萊覺得明尼亞波利對他來說，似乎嫌小了些。想要大幹一番，就應該到紐約去。於是，他果真從明尼亞波利遷到紐約。

在紐約這個大都會，很少有人知道雷克萊的名字，當然更沒有人知道他的「連環套經營法」，甚至沒有人知道他取得美國速度公司。

被人冷落是一件痛苦的事。雷克萊後來曾大發感慨：「紐約工商界人士的眼睛是最勢利，他們只認識對他們有用的人，也只跟那些有名氣的人交談。對無名小卒，他們不屑一顧。」這番話無疑是他初到紐約時的深切感受。

他意識到，想躋身於紐約工商界，必須自我宣傳一番。於是，他先在猶太籍商人中間傳播所謂「連環套經營法」。

不料，他的宣傳引起紐約工商界人士的反感和報界的批評。

原來，有家米里特公司的負責人魯易士和金融專家漢斯在幾年前就企圖使用「連環套經營法」擴大自己的企業，結果以失敗告終。由於失敗，漢斯竟跑到芝加哥自殺。從此，紐約工商界人士把「連環套」稱為經營上的自殺法。

然而，雷克萊大大不同於魯易士和漢斯。別人認為無法做的生意，他可以從中賺大錢；別人認為無法求發展的環境，他能想出辦法求發展。於是，他找到李斯特，兩人長談了一夜。通過這次交談，他意識到，報界的批評起了反作用，使公眾知道了他的存在。目前最要緊的是盡快用「連環套經營法」成功的事實證明自己的業績。應該馬上找一家知名度高、經營管理不善的公司。經李斯特介紹，他進入MMG公司。這是一家擁有多種銷售網絡、經營多樣化的公司。

雷克萊進入MMG公司一年多時間裡，充分發揮他的經營才能。在他的努力下，公司的營業額擴大了兩倍多。

不久，公司的主要負責人有意退休。雷克萊不失時機地買下這家公司，並把它置於美國速度公司的控制之下。就這樣，他在紐約奠定了第一塊基石。

當時，MMG公司的另一個大股東是聯合公司。這也是一家擁有幾條連鎖銷售網的母公司。雷克萊把MMG公司的股權轉賣給聯合公司，而從另外的渠道獲得了聯合公司的控制權。控制了聯合公司，也就間接控制了MMG公司。

第一個連環套搞成之後，他又盤算下一步，目標即聯合公司的控制者之一——格瑞。格瑞的重要關係公司是BTL公司。這是一家擁有綜合零售連鎖網的母公司，經營狀況不太好。雷克萊憑著自己從事股票交易的特殊才能精確分析，認為這家公司值得投資。如果獲得BTL公司的控制權，自己的企業又可以增加一個連環套。

BTL公司的規模很大，雷克萊想一下子獲得它的控制權很不容易。於是他重施故伎，先給外界造出一個這家公司勢弱的印象，然後大肆購買其他人所拋售的BTL股票。他把聯合公司的財產抵押出去，以便將整個財力都投注到BTL公司。最後，他果真獲得了BTL公司的控制權。

雷克萊獲得了BTL公司之後，名聲大振。一九五九年《財星》雜誌在一篇評論他的文章中寫道：「雷克萊巧妙的連環套是這樣運作的：他控制美國速度公司，美國速度公司控制BTL公司，BTL公司控制聯合公司，聯合公司控制MMG公司。」

雷克萊並不滿足於控制BTL公司，他又開始研究一套新的經營方法。他把連環套中的公司進行合併，即把BTL公司、聯合公司和MMG公司名不相通的連鎖銷售網合併起來。形成一個龐大的銷售系統。在這個龐大的銷售系統中，他把MMG公司立為主幹。這樣做，目的是為了縮短控制的通路。過去他控制MMG公司，要透過BTL公司和聯合公司；現在完全顛倒過來，他直接控制MMG公司，再經由MMG公司，直接控制BTL公司和聯合公司。

雷克萊心目中的大帝國式集團企業已經略有眉目，因此，他的膽子更大了，他的注意力由紐約轉到了全國各地。凡是他認為有利可圖的企業，他都想插上一腳了。

一九六〇年，雷克萊的MMG公司用二千八百萬美元買下俄克拉荷馬輪胎供銷店的連鎖網。不久以後，他又買下經濟型汽車銷售網。

雖然雷克萊進行了多角化經營，而且買下兩組規模不小的連鎖銷售系統，但距他「10億美元企業」的目標還差得很遠。他明顯地感覺到，必須向那些大大公司下手。

一九六一年，拉納商店在經營上發生了嚴重問題，老闆有意出讓經營權。這是一家美國最大的成衣連鎖店。雷克萊當然不會錯過機會。他親自出馬洽談，結果以六千萬美元買下這套龐大的銷售系統。

雷克萊對「不使用現款」的策略已得心應手，所屬企業像滾雪球般不斷增大，其發展速度更比以前加快了許多。幾年中，他又買下在紐約基層零售連鎖居於主導地位的柯默百貨店和頂好公司，還買下生產各種建築材料的賈奈製造公司和世界著名的電影企業——華納公司以及國際乳膠公司、史昆勒蒸餾器公司。這些公司都在MMG公司的控制之下。雷克萊的「基地」——美國速度公司也在不斷壯大，在不長的時間內，有很多公司陸續被納入他的控制範圍。其中比較著名的有：美國最大的男人成衣企業科思公司和李茲運動衣公司。最後，當李斯特把自己的格倫·艾登公司也賣給雷克萊時，雷克萊的企業規模終於達到理想的程度，他所擁有的資本已超過10億美元。從此，他創立的「連環套經營法」在美國商界備受青睞。

欲擒故縱

釋義

「欲擒故縱」與俗話「放長線，釣大魚」意思相近。懂得釣魚的人都知道，一旦大魚上鉤，就要不斷放長線，縱大魚游逃；直到牠跑累了，再輕而易舉地釣上來。如果硬拉猛扯，很容易導致線斷魚逃。

欲擒故縱，關鍵在於「故縱」上，它需要英明準確的判斷，果斷自信的付出。不管在軍事、政治、經濟上，都可找出經典例子，供後人取法。

謀略典故

這個智謀見於《三國演義》第十一回『劉皇叔北海救孔融，呂溫侯濮陽破曹操」。

講的是：劉備借陶謙之手，面對曹操、呂布和袁術的進攻，用誘惑戰勝顧慮，從而將徐州據為己有。

典故名篇

❖ 炸橋轉移視線

一九四三年2月，法西斯德國調集了4個德國師、一個義大利師和總數相當於2個師的特種聯合部隊的兵力，在大量南斯拉夫傀儡軍隊配合下，圍攻南斯拉夫解放軍佔領的西波士尼亞和中波士尼亞解放區，開始了代號「Weiss」的軍事行動。

在西波士尼亞和中波士尼亞解放區的南斯拉夫解放軍最高司令部針對德軍的瘋狂攻勢採取了果斷的對策，將所屬的第一、第二和第三無產階級師同第七尼亞師編成一支突擊隊，帶著留在解放區內的四千名輕重傷員向東南方突破，撤到門德內哥羅。

為了策應這支突擊隊的突圍，最高統帥部命令解放軍其他部隊在各地區加強對敵軍的進攻，以牽制敵人的力量。

突擊隊歷盡艱辛，英勇戰鬥，途中翻越了無數個山脈，終於接近了必經之地涅列特瓦河畔。

德軍為了剿滅突擊隊，不讓它渡過涅列特瓦河，在河邊部署了大批部隊，企圖依靠天險，將解放軍阻隔在河右岸並予以全殲。

南斯拉夫解放軍最高統帥狄托看到這一情況，決定出奇計，打亂敵人的戰略部署，使解放軍順利強渡涅列特瓦河。

解放軍先頭部隊抵達涅列特瓦河右岸，前面是河上惟一的大橋。右岸德軍迅速向橋頭集結。左岸的德國部隊也嚴陣以待，準備在解放軍過橋時發動突襲。

但是，在狄托命令下，解放軍突然炸毀涅列特瓦河上的大橋。

這一出人意料的舉動使德軍亂了手腳。他們緊急會商，判定解放軍已不打算渡過涅列特瓦河，似要在河右岸活動。

於是，河左岸的敵軍大部迅速轉移到河石岸，只留下極少的一部分兵力駐守左岸。德軍離開被炸毀的大橋，尾隨解放軍而去。而解放軍在轉了一圈之後，又回到原橋處。

德軍做夢也沒想到解放軍還會回到這裡，因此沒派一兵把守。

解放軍在原橋處建立橋頭陣地，一夜間架起了一座吊橋，然後將不能運過去的坦克、大砲等重武器投到河裡，輕裝閃電般渡過涅列特瓦河，突入門德內哥羅地區。

德軍空軍和炮兵仍然在右岸向解放軍原駐地連續轟擊了好幾天，才知道解放軍早已渡河，只能叫苦不迭。

解放軍就是利用這個妙計，將部隊連同幾千名傷員安然無恙地撤到安全地帶。

❖ 松下怎樣輕鬆勝SONY

在日本企業界被譽為「一代宗師」、「經營之神」的松下幸之助如此說明他的經營之道：「經營事業，首先必須考慮如何獲得並培養人才。如果他們問你：『你的公司在製造什麼？』你必須回答：『松下電器在製造人才。當然我們是在製造電器產品。但是，在這之前，要培養人才。』」

松下電器公司的確不愧是「培養人」的企業，一直把提高產品質量和降低價格作為工作的重心，從不盲目地趕時髦，也不熱衷於花大氣力去推出新技術，而是著眼於改進「最新技術」，並在延伸其功能上刻意攻關。其使用的策略即為「欲擒故縱」。

SONY公司則恰恰相反。一九四六年SONY公司成立之初，公司宗旨上赫然寫著：「公司絕對不搞抄襲、仿造，而專選他人甚至以後都不易製成的商品。」公司創始人之一盛田昭夫在其所著的《SONY經營絕招》一書中，也將不斷開發新產品的招術做了詳細的介紹。

幾十年來，SONY公司在新技術的投入上不惜人力、物力、財力，不斷推出新產品，企望以開拓者的姿態搶佔家電市場。可事與願違，它時常敗給松下。

SONY公司也堪稱人才濟濟、財力雄厚，而且又有個敢向美國說「不」的總裁盛田昭夫，緣何時常敗給松下？（編按：盛田昭夫寫過一本暢銷書《如何向美國說「不」》）

一九六九年，SONY公司率先研製成家用小型錄影機，一時成了熱門貨。松下公司並沒有急於跟進，而是進行深入的市場調查，積蓄力量，伺機而動。

一九七五年，SONY公司的錄影機錄影時間長達兩個小時，松下欲使自己的產品在美國站得住腳，其產品必須能將很長的體育比賽實況錄製下來。它決定在SONY的基礎上背水一戰。

松下總經理拍著胸脯，神情自若地宣稱：「松下能夠提供錄影長達4小時的VCR。」

這簡直是賭博，而且是一場風險很大的賭博，因為此時此刻，松下甚至還沒有生產過錄製長達兩個小時的機器。

君子一言，駟馬難追。松下公司立刻從其它部門、實驗室和分公司廣招賢才，尋求幫助，把各部門的技術骨幹動員過來，同吃喝、共睡眠。經過一段時間的協同作戰，他們終於攻克難關，研製出能錄製46小時的錄影機。

這項產品一上市，就以低廉的價格（比SONY產品低15%）及廣泛的用途（錄影時間是SONY產品的23倍），博得廣大消費者的青睞。此戰，SONY一敗塗地。

❖飯店懸賞「金老鼠」

一個女房客下塌一家四星級飯店，晚間上廁所時發現一隻老鼠，嚇得她逃到走廊上大喊大叫。

四星級飯店的客房裡有老鼠，此事若傳了出去，對於生意本就不興旺的飯店來說，無疑是雪上加霜。飯店老闆慌了手腳，立刻召集公關部全體人員商量對策。大家都認為，這件事已經擴散出去，瞞是瞞不住的，不如將計就計，把它巧妙公開為好。

於是，公關人員設計出這樣的廣告：

「各位房客，為了給您們的旅行生活增添樂趣，本飯店養有二隻金毛鼠作為吉祥物。哪位房客有幸看到，可得獎勵一千美元。若能將其抓獲，可得獎勵五千美元。」

這一招果然產生了效果。

無論知不知道飯店客房裡有老鼠的人都努力捕捉「金老鼠」；許多好奇者更是紛紛前來投宿。

一時間，這家飯店門庭若市。當然，飯店裡根本沒有「金老鼠」。事件過後，這家飯店反獲得了「無鼠飯店」的美名。

大飯店裡發現老鼠，本是一件見不得人的事，飯店竟見招拆招，變了一個花樣，大肆宣傳這件事，果真收到意想不到的效果。這就是欲擒故縱之計。

❖ 誘君入甕

「欲擒故縱」之計，實力雄厚的強者經常運用：或是尋找對手的空隙，分化瓦解；或是利用重金，打開對手堡壘的缺口，以便從中獲取漁利。

美國舊金山有家義大利銀行，專門從事義籍移民的存、放款業務。一九二五年，這家銀行遇到一個千載難逢的好機會，用金錢引誘的手段，收買了美洲銀行一位副董事長的兒子，讓他定期向自己提供美洲銀行的資產負債表這一重要情報。透過這一情報，義大利銀行對美洲銀行的經營狀況瞭如指掌。

20年代末，美洲銀行受到世界性經濟大蕭條開始出現徵兆的影響，貸款業務逐漸不景氣。本來，它可以得到一筆政府工程貸款的申請；但因它沒有足夠的信貸資金，錯失了良機。

義大利銀行得悉這一消息，立即以提供現金支持為餌，誘使美洲銀行與之合作。美洲銀行當然十分高興，無條件接受。這樣，在現金尚未到位的情況下，美洲銀行即決定以銀行的現金儲備為保證金，取得那筆政府工程貸款項目，並催促義大利銀行的現金支持盡快到位。

哪裡料到，義大利銀行卻只開出一張空頭支票，不斷拖延時間。此時，與義大利銀行結成同盟的太平洋銀行趁著美洲銀行的困境，立即在股市上大量低價拋售美洲銀行的股票，並不斷在外面放風說，美州銀行經營不妙，從而導致市面上出現瘋狂從美洲銀行提款的風潮。其它銀行見狀，也不敢支持美洲銀行。

處於困境中的美洲銀行根本無法經受這樣的打擊，股價大跌。義大利銀行趁機以低價購下大部分美洲銀行股票，從而成為美洲銀行最大的股東，實現了自己的目的。

嫁禍於人

釋義

「嫁禍於人」意為：用計將災禍轉嫁到另一人頭上，藉以達到某種目的。嫁禍於人有兩種：一、自己有禍，施計轉嫁他人，使自己逃脫罪責。如果是將禍轉嫁到仇人身上，則是一箭雙鵰。二、自己無禍，故意製造事端，加禍於自己的仇人。

古往今來，使用此計者不乏其人。在領略這一謀略的魅力之後，千萬要注意周圍小人的詭計。

謀略典故

這個智謀見於《三國演義》第十七回『袁公路大會七軍，曹孟德會合三將』。

講的是：曹操為了應付缺糧之矛盾，巧借王垕之頭，平息軍中怨氣。

典故名篇

❖ 薩達姆轟擊以色列

薩達姆·海珊發動入侵科威特的戰爭後，不僅遭致國際社會的譴責和制裁，也遭到大多數阿拉伯國家的責難。隨著海灣戰爭的臨近，伊拉克在國際社會中更加孤立。為擺脫這一困境，贏得其他國家，尤其是阿拉伯伊斯蘭世界的支持，薩達姆巧施計謀。

世人皆知，以阿問題是二次大戰後中東地區的最大引爆點，也是促使阿拉伯國家團結在一起的最好招牌。海灣危機發生後，薩達姆曾提議：以色列先從阿拉伯被佔領土撤出，伊拉克再從科威特撤出。這一招果然「將」了多國部隊、尤其是美國一軍，得到一些阿拉伯伊斯蘭國家的支持。但他深知，他的拖延戰術很難持久，且伊拉克畢竟一國難敵多國，武器裝備又明顯劣於多國部隊。

如何使其他阿拉伯國家同伊拉克一道作戰，從而使伊拉克最終取勝呢？薩達姆想出了一條妙計：伊拉克先對以色列實施攻擊，誘使以色列還擊。這樣，肯定會將其他阿拉伯國家拖入海灣戰爭。因為海灣危機發生後，許多阿拉伯國家雖不滿伊拉克的行動，但也強調這是阿拉伯國家自己的事，明確表示，若伊拉克遭到以色列攻擊，阿拉伯國家必然不會袖手旁觀。

一九九一年1月18日零點剛過，伊拉克的8枚「飛毛腿」地對地導彈飛入以色列的特拉維夫和海法兩市。之後，不斷反覆此項攻勢。總計其對以色列的導彈襲擊達十幾次，造成數百人受傷、4人死亡。

以色列對伊拉克的一次次挑釁，憤怒異常，忍耐力即將達到臨界點。以美國為首的多國部隊深知薩達姆這一招的厲害。它們想方設法安撫以色列。美國副國務卿貝克為此兩訪特拉維夫。布希總統更親自打電話給夏米爾，要求以色列克制。為加強以色列的空防能力，美國將其最先進的數枚「愛國者」地對空導彈運往以色列，對伊拉克的「飛毛腿」導彈進行攔截。歐共體（歐洲共同體）和德國應允向以色列提供援助。歐共體並於1月25日取消了對以色列的所有限制，並宣布將馬上討論以色列與一九九二年實現的歐共體結盟事宜。

世界上許多國家對伊拉克襲擊以色列也做了譴責。在這種情況下，一向桀驁不馴的以色列只好忍氣吞聲，不予還手。薩達姆擴大危機面的計謀落空了。

❖ 簡氏揭露外商奸計

一九〇三年，英、美兩國菸商合辦的英美菸草公司在上海設立捲菸廠，生產「大英」、「老刀」和「三炮台」等洋菸，源源傾銷中國市場。別說上海，就連大江南北各家商行、店鋪，都陳設專櫃，銷售這些牌子的洋菸。英、美菸商正躊躇滿志之時，卻不料愛國華僑簡照南、簡五階兄弟創辦的南洋菸草公司異軍突起。南洋菸草以它物美價廉的產品，開始一步步擊敗「大英」、「老刀」、「三炮台」。

英、美菸商惱羞成怒，醞釀出一條毒計：嫁禍於人，企圖迫使南洋兄弟菸草公司乖乖退出市場。他們派人四處活動，暗中從市場整箱整箱套購南洋兄弟公司生產的香菸，然後將這大批香菸堆在倉庫的陰暗角落並淋上水。幾天後，這批菸草逐漸發霉，散發出陣陣異樣的怪味。此時，英、美菸商將這一箱箱霉菸拋向市場。他們操縱的爪牙搶購之後，紛紛上報館反映。一時間，國內輿論嘩然，大有淹沒南洋兄弟公司之勢。

簡氏兄弟針對英美菸商「嫁禍於人」之計，毅然決定：查出嫁禍之人。行動在隱密中展開，一些經銷霉菸的商人也陸續向簡氏兄弟傳遞信息。

幾天後，幾家報紙在顯著的位置刊出〈南洋「霉菸」究竟是哪裡來的？〉一文，鉅細靡遺地揭露了英、美菸商的奸計。

差不多在此同時，南洋兄弟公司新生產且已投放市場的香菸，盒上一律印著「振興國貨」的醒目字樣，並飛速送往北京國貨展覽會陳列。南洋公司的菸草質量上乘，展覽會上傳出一片讚揚聲。英、美菸商氣得吹鬍子瞪眼睛……只是他們企圖壟斷中國香菸市場的陰謀被粉碎了。

❖ 嫁禍於書

長期以來，中國書市一直是「天有多熱，市有多涼」的局面。怎樣激發讀者的購買欲，成為一大難題。那些性感的封面、古怪離奇的標題、驚心動魄的畫面，讀者都已經習以為常。於是，有人想出了一記絕招——嫁禍於書。結果，新出版的書像潮水般流進千家萬戶。

以下僅介紹3例新書廣告——

A·某人是一位剛30出頭的億萬富翁，英俊能幹，善於理財，有意成家，想徵求一位溫柔美麗的女性為妻，先友後婚。關於此人的詳情，請參閱某社出版的《白手起家》。

B·某印刷廠裝訂某出版公司出版的《心事有誰知》時，一位技工不慎將一張千元美鈔夾在書中，忘了拿出來。這個技工心急如焚。發現的人，請您行行好，將錢歸還。原主將致酬五百元，並登報感謝。

C·您是否看過世界上最昂貴的郵票？它是一八六一年在蓋亞納發售，時價四千萬美元。這張世界上僅有的珍郵，持有者是寓居紐約的美國大亨。他怕這張珍郵會惹來麻煩，因此一直不敢公開自己的名字。我們這次費了九牛二虎之力，終於找到這位富豪，並支付巨資，經他同意，特從銀行保險箱將珍郵拿出來拍照製版。另有其它價值連城的稀世古董。您如有意一睹為快，請一閱本社出版的《世界奇珍大觀》。

韜光養晦

釋義

「韜光養晦」意為：有才華的人斂其才智，暫且隱居，不願顯露。在三國時代，這樣的例子很多。現實生活中也不乏其例。

這樣的人，不論隱居、隱蔽，都是手段，真實的目的是將自己的不足和缺憾包裹起來，待日後東山重起。這也是一種自我防衛的手段。總之，善於退避，是一個人博大胸懷的表現。

古人的謀略，今天領略其實質，可感其收益之大。將其貫穿於日常生活中，也有其深刻的道理。

謀略典故

這個智謀見於《三國演義》第二十一回『曹操煮酒論英雄，關公賺城斬車冑』。

講的是：劉備為成就大業，面對曹操的威逼，只能隱藏自己的才華，藉以保護自己。見曹操有所警覺，劉備又巧借雷擊，故顯失態，以消除曹操的疑心。

典故名篇

❖ 德川稱臣候天時

日本江戶幕府的開創者德川家康是一個善於觀察天時的人。本能寺事變爆發，織田信長慘遭部屬明智光秀殺害。當時，德川家康是織田信長手下第一紅人，他如果以替主復仇的名義開戰，天下或許已非他莫屬。但就在他準備起事時，關中的豐臣秀吉搶先一步，移師而來，並迅速平定明智光秀之亂。為此，德川家康只好按兵不動，等待有利的時機到來。

眼看豐臣秀吉東征西伐，勢力日壯，織田信長之子信雄便向各方告發秀吉有篡奪織田政權的野心，並請求德川家康出兵救援。家康見機會來到，即刻起兵。

小牧山一役，德川軍把豐臣軍打得落花流水。無奈信雄意志脆弱，經不住豐臣秀吉的眼淚攻勢，竟擅自答應其停戰的要求，與豐臣秀吉簽了和約。家康陷於孤立，師出無名，只好再度鳴金收兵。

此後，豐臣秀吉勢力日盛，如日中天。但他頗為忌憚德川家康的力量，不敢貿然與之交手，反而將自己的妹妹嫁給他，並以自己的母親充作對方的人質，忍氣吞聲地勸家康歸服朝廷，極盡籠絡之能事。

識時務者為俊傑。家康見豐臣秀吉一統天下已是大勢所趨，再與他對抗，非但鬥不倒他，反而會搞垮自己，於是暫棲於秀吉麾下，宣誓效忠。此後，他一反常態，對秀吉唯命是從，忠貞不二，搞得朝中大臣大惑不解，真以為他變成另一個人了。就這樣，家康一面竭力擁戴豐臣秀吉，一面靜待時機到來。

豐臣秀吉去世後，經關原會戰，德川家康漸漸掌握實權，豐臣家的地位被大大削弱。沒過多久，家康終於將豐臣軍徹底擊敗，建立了德川家族的大業。

❖ 大起大落的「福特王朝」

成功，給福特汽車的創始人亨利・福特帶來巨大的財富、顯赫的聲譽和至高無上的地位，同時也給他的事業埋下失敗的種子。

隨著「福特王朝」的繁榮昌盛，福特越來越專橫跋扈，一意孤行。他排斥異己，聽不進不同的意見，凡持有異議者，都被他視為眼中釘、肉中刺，欲去之而後快。於是，有作為的人才紛紛離去，而一些平庸之輩、善於溜鬚拍馬者都成了公司的紅人。

為「福特王朝」立下汗馬功勞的元勳庫茨恩也日覺老福特難以相處，不得不離開工作了十多年的福特公司，另擇高枝。後來他成了底特律市市長、國會議員。

失去庫茨恩等一批才華出眾的良將，是福特汽車公司最大的損失。然而，剛愎自用、任人唯親的福特卻不以為然。他還沉醉於昔日勝利的光輝之中，自以為靠手中「T型車」這張王牌，就能打遍天下無敵手。

正在這時，他的對手「通用汽車公司」以科學的組織管理和先進的經營手段悄悄地趕上來了。多種類型、適應不同階層之需要的新型車與單一型的福特車展開了市場爭奪戰。通用攻勢猛烈，令福特公司只有招架之功，毫無還手之力。

亨利·福特終於覺察到自己處境不妙。他如夢初醒，拼命掙扎。然而，棋輸一著，難挽敗局。一九二九年，福特公司在美國汽車市場的佔有率降為31.3%。到一九四〇年，更跌至18.9%。真可謂江河日下，奇慘不堪。

「福特王朝」風雨飄搖，危如累卵，唯有擇賢才掌盤，才能重振雄風。一九四三年，二次大戰的烽火燃遍全球，26歲的海軍中尉亨利·福特二世接到美國軍部轉來的老亨利·福特的「御旨」，令其返回底特律繼承祖業，擔任福特公司副總裁的職務。

由於老福特惟一的兒子埃德賽·福特性格文靜，唯命是從，難以掌住「福特王朝」的舵把，因此，老福特老早就把中興大業的希望寄託在第三代的孫子身上。

福特二世剛出世不久，他的祖父就特地給他起了一個和自己相同的名字，並在名字後面加上「第二」以示區別，真可謂用心良苦。

一九四五年，升為總裁的亨利・福特二世接過每個月虧損九百萬美元的爛攤子，當真可謂受命於危急存亡之秋。

福特二世翻開公司的檔案，發現五百名高級職員中竟無一位具備大學學歷，陳舊過時的機器堆放在破損的廠房。更糟的是，他找不到一本帳冊，財務報表像鄉下雜貨舖的記帳簿一樣原始；連早已死去的職工名字也列在工資單上……

福特二世受過完整的高等教育，他很清楚，要挽救這家搖搖欲墜，瀕臨破產的公司，必須進行一番大刀闊斧的改革。改革的關鍵是找到一個具有全面管理經驗的人才。

他找到了他所急需的人才——原任通用公司的副總經理奧內斯特・布里奇。經他「三顧茅廬」，布里奇為他的誠意所感動，終於答應了他的邀請。

接著，福特二世又果斷錄用了戰爭期間曾在空軍幹過規章制度管理工作，當時正為「飯碗」奔波的十個人。這十個人之中，包括後來擔任美國國防部長的羅伯特・麥克納馬拉、世界銀行行長查爾斯・桑頓和史丹福商業研究院院長阿傑伊・米勒等人。

一九四六年，布里奇等人走馬上任，對公司的管理進行了一系列改革，建立了一套可使福特公司興旺發達的財務管理制度。這一年，公司就扭虧為盈。爾後利潤逐年遞增，一九五〇年，利潤已達2.6億美元。福特公司又成為世界上最大的工業公司之一。

不久，在市場調查中，福特公司發現人們似乎正等待著一種外型美觀，操作簡便，價錢公道的新產品。

福特公司立即從各方邀集了一批年輕有為、銳意進取的專家投入緊張的設計工作。經過無數次改進，終於研製成令人愛不釋手、新型豪華的「野馬」牌汽車。

此車在「銷售奇才」艾柯卡出色的策劃下，一投放市場，立即風靡整個世界，第一年銷售量就高達41.9萬輛，創下全美汽車製造業的最高紀錄。頭兩年，「野馬」牌新車盈利11億美元，為福特公司又創造了一次奇蹟。

福特汽車公司的發展再登高峰，「福特王朝」的帝王亨利·福特二世不禁飄飄然起來，每天早晨總是習慣性地站在鏡子前，孤芳自賞地看著自己說：「我是國王。國王永遠正確！」

福特家族的血統，老祖父遺傳下來的剛愎自用、獨斷專橫的基因又在福特二世身上起作用了。

他認定福特公司是福特家族的企業，他是最高統治者，絕不容許他的臣屬「功高震主」、功蓋於他。一旦感知到這種威脅，不管相關的屬下對公司貢獻多大，功勞多高，一定要將這個人解職、叫他滾蛋。他開始為淵驅魚，為叢驅雀，幹起挖自己牆腳的蠢事。

一九六〇年，福特二世認為自己羽毛已豐，無需讓布里奇以福特的代表之身出盡風頭。於是，他對布里奇說：「我已經畢業了。」

布里奇很識相，趁機引退。不久，為福特汽車公司的興旺立下大功的麥克納馬拉等十位能人也紛紛離去，最後只留下一人。

一九六八年，福特二世突然把一直幹得很好並擁有崇高威望的原任總經理米勒解僱，由他所招來的原通用汽車公司副總經理諾森接替。此舉引起公司內部許多高層人士的強烈不滿。

諾森上任才四個月，也落了個同前任一樣的下場，突然被福特二世一腳踢開，由艾科卡取代。

艾科卡擔任副總經理期間，曾領導設計，推出「野馬」牌汽車，為福特公司爭得市場立下汗馬功勞。他上任後果然不負眾望，使福特公司的年利潤一直保持在18億美元以上。艾科卡才能超眾，「功高震主」的局面使福特二世十分擔憂。一九七八年，一代名將艾科卡突然遭福特二世解僱。

福特二世的家長制管理、暴君式統治，使福特汽車公司的許多人才大感「伴君如伴虎」，不如另尋新主而紛紛離去。

福特公司經營缺乏生氣，推向市場的新車合乎顧客需求者不多，市場佔有率一年低於一年，一九七八年尚佔美國汽車市場的23.6%，一九八一年竟跌至16.6%。

一九八〇年三月，63歲的福特二世發現「福特王朝」雄風盡失，危機四伏。他終於認知到，繼續用他那套家長制方式管理現代化企業，顯然應付不了激烈的市場競爭。他不得不忍痛自動讓賢，宣布辭去福特汽車公司董事局主席的職務，把由他掌管達35年之久的經營權讓給福特家族以外的管理專家菲利普・卡德威爾。

這一舉動宣告了長達77年的「福特王朝」終於收攤，並開創了美國企業家把家族企業大權傳給非家族人之先河。

一九八二年，65歲的福特二世根據公司的規章制度，正式退休。從此，他和他的親屬除了擁有這家公司40％的股份外，不再是這家公司的老闆。

一九八一年之後，在卡德威爾領導下，福特汽車公司又一次進入發展興旺期。一九八二年產銷汽車32.萬輛，僅次於通用汽車公司，令豐田、日產、大眾、克萊斯勒等汽車公司望塵莫及。福特公司像一艘衝破百年冰封的航船，在新舵手指揮下，正駛向更廣闊、更燦爛的新天地。

❖ 裝聾作傻與聘賊自盜

多數顧客都有佔便宜的念頭。英國有一家不很大的商舖，經營者是兄弟兩人，他們就是利用顧客的這種心理大賺其錢。

這兄弟倆，一個在裡面不露面，一個在外面照看貨物。

某日，一位顧客進來挑選貨物。在外面照看貨物的人故意裝作不知道貨物的價格，向裡面大聲發問：「A型男士皮鞋多少錢一雙？」裡面的人回答：「18英鎊！」看店的人聽到後（當然，顧客也聽到了），佯作搞錯了價格，對顧客說：「是15英鎊！」顧客一看有便宜可佔，立刻付錢，拿起貨物就走。

其實，A型男士皮鞋的一般售價就是15英鎊，甚或不到15英鎊。

這兄弟倆的裝聾作傻術屢試不衰。

另有一例，說到歐洲有一家大商場因屢屢失竊而大傷腦筋。商場採用了種種反竊措施，但都見效不大。商場經理為此苦思良策。

一天，商場在眾目睽睽之下抓獲了一名竊賊。經理發現，其後連續幾天，商場的貨物都平安無事。他靈光乍現，竟高薪僱用小偷，讓他們定期前來商場偷竊。

當然，「小偷」總是被當場捉住。而且，在眾多顧客注視下，小偷不但灰溜溜地交出「偷竊」的貨物，還交出一筆罰金。否則，商場就要把他扭送有關部門處理。

久而久之，這家商場以防盜有力而聞名全城，狡猾的竊賊很少敢來光顧。商場雖然要不時地付給假小偷一筆錢，但比起失竊的貨物來，還是少了許多。

兵不厭詐

釋義

「兵不厭詐」」意為：在戰爭中，基本原則之一是運用將計就計，朝取勝的方向行動。需要分散則分散，需要集中則集中。「需要」是取得勝利最切實際的應變謀略。

古代的軍事家經常以「詐」取勝。現代商戰中，「兵不厭詐」也被視為有效的技巧。在遵紀守法，按章納稅的經濟遊戲規則裡，它常被反覆運用。面對激烈的競爭，「詐」字雖不好聽，卻非常實用。

謀略典故

這個智謀見於《三國演義》二十二回『袁曹各起馬步三軍，關張共擒王劉二將』。

講的是：張飛這個漢子粗中有細，設計巧取劉岱防守的寨子，並活捉了劉岱。

典故名篇

❖ 尼爾遜巧買電腦

尼爾遜是倫敦的一名猶太人律師，他想要買一部電腦。當時，他的一位朋友正擔任一家電腦公司的銷售員，對市場相當熟悉。朋友知道他要買哪一種電腦，但電腦銷售員跟他講的價格太高，他的錢也不夠。

於是，這個朋友建議他利用空城計，並為他設計出一套實施方案，讓他在談判中使用。

一開始，尼爾遜要電腦商再次說明機器的優點。然後做下決定，幾天後在他的辦公室進行一次示範。推銷員當真把他當成可能購買的顧客，很努力於這筆交易。

一星期後，經過正式示範，事情有了變化：推銷員被告知，尼爾遜的合夥人同意購買一部電腦，但他們的預算最多只能花11500美元。

「不能多花一文錢。」尼爾遜表示。為了強調這一點，他甚至大聲念出他們的會議記錄。他把記錄擺在桌上，讓銷售員清楚地看到。他知道，一般人相信法定文字具有法定力量，書寫的文字比言語更具權威，只要是書寫而非言談，一般人大多會接受。

進一步，尼爾遜要求推銷員把價錢印成表格，給它們一種過分的權威！緊接著，他遺憾地告訴推銷員，由於其機器標價為11500美元，還要加上訓練費500美元、每年保養費1500美元和稅金2000美元，總數達15500美元，合夥人指示他到別處找尋標價更低的電腦。

推銷員被這個消息所迷惑。尼爾遜見狀，提議免費供給軟體、降低訓練費用以及付款期限延長。推銷員相信尼爾遜不能在總價上有任何變動，他驚人的開價是可信的——會議記錄證明它可信——他的遺憾是真誠的。尼爾遜承認找尋便宜的機器是一種「拖累」，但幾千美元的差額不是小數目，他需要很好的理由安排這件事。

在這種情況下，推銷員陷入困境，只好答應他，回去「跟老闆商量後」再來找他談。

在風雲變幻的電腦世界，競爭相當激烈，隨時可能找到比較便宜的機種。所以，三天後，推銷員就打電話給尼爾遜，聲稱電腦公司願意「特價優惠」，機器賣9500美元，稅金也因而降到1425美元。此外，公司為了「表示對他們的電腦充滿信心，維護期限延長12個月，費用則以500美元優待」。

這「下不為例」的提議使總價成為11425美元，比假想的預算還便宜75美元。

電腦公司的優惠還是有條件的，就是要允許公司將他們列為顧客，且「為了明顯的理由」，他們所享受的特價必須「保密」。

無論如何，尼爾遜巧用空城計，省了4075美元。

❖神奇的「手」

美國股市奇才賀希哈號稱「手摸到的東西都會變成黃金」。一九三六年是他一生中賺錢最多的一年。

早在許多人做著淘金發財夢的那個年代，在加拿大安大略省北方就設立了一家普萊史頓金礦開採公司。可是，這家公司在一次大火中焚毀了全部設備，造成資金短缺。全公司因無力購置生產設備，整個礦區陷入癱瘓的狀態。隨之而來的是公司股票狂跌，每股跌到不值5美分。

自始至終參與普萊史頓金礦開採、勘探，一個名叫陶格拉斯・雷德的地質學家不甘心快到手的金礦開採陷於停頓。他把詳細情況告訴了賀希哈。賀希哈聽後，立即收購了普萊史頓金礦開採公司，並拿出2.5萬美元做試採計畫。不到幾個月，黃金就掘到了，高品位的金礦離原來的礦坑僅25呎。

賀希哈接管普萊史頓金礦開採公司以後，普萊史頓股票已開始往上爬。他採到金礦之後，嚴守機密，佯稱自己不善於經營礦業，準備將公司出售。這樣一來，剛開始回升的股票又直線下跌，海灣街上的股票持有大戶紛紛拋出。賀希哈見狀，派人大量購進。待普萊史頓的股票大部分到了他手中，他突然對外宣布，這座金礦每年的毛利可達二千五百萬美元。其後，普萊史頓的股票很快暴漲到2美元以上。

普萊史頓股票繼續上升，賀希哈趁勢大量賣出，自己只留下50萬基本股。由於他在絕對有把握的前提下玩股票，以極低價購進，高價拋出，除了收購公司和試採投入的資金全部賺回之外，他留下的50萬股也等於沒花一文錢。

❖ 羊披狼皮，兵不厭詐

在現代商業活動中，「兵不厭詐」常被想做成某件事，自身力量又不夠的人運用。

70多年前，日本神戶開了一家經營煤炭的福松商會，經理是松永左衛門。

商會開張不久，來了一個當時神戶最出名的西村豪華飯店的侍者。他遞給松永一封信，上書「松永老闆敬啟」，下款「山下龜三郎拜」，內稱：「鄙人是橫濱的煤炭商，承蒙福澤桃介（松永父親的老友，借巨資給松永，作商會的開辦費）先生的部屬秋原介紹，欣聞您在神戶經營煤炭，請多關照。為表敬意，今晚鄙人在西村飯店聊備薄宴，恭候大駕，不勝榮幸。」

當晚，松永一踏進西村飯店，就受到熱情款待。山下龜三郎必恭必敬，使得松永很感到飄飄然。

酒宴進行中，山下提出了自己的懇求：「安治川有一家相當大的煤炭零售店，信譽很好。老闆阿部君是我的老顧客。如果承蒙松永先生信任我，願意讓我為您效勞，通過我將貴商會的煤炭賣給阿部，他一定樂於接受。貴商會肯定能從中得利。我呢，只要一點佣金就行了。不知先生意下如何？」

松永一聽，心裡馬上盤算起來。沒等他開口，山下已把女招待叫來，請她幫忙買些神戶的特產瓦形煎餅來，並當著松永的面，從懷裡掏出一大疊大面額鈔票，隨手交給女招待，並另外多抽出一張做為打賞的小費。

松永看著那一大疊鈔票，心裡不由暗暗吃驚。

眼前的這一切，使他眼花撩亂。稍一鎮定後，他馬上對山下說：「山下先生，我可以考慮接受你的請求。」

稍作談判後，松永便與山下簽下合約。

豐盛的晚宴後，松永一離開，山下便馬上趕到車站，搭上末班車回横濱去了——西村飯店這樣高的消費，哪是他所能承受的？

那一大疊鈔票，其實是他以橫濱那不景氣的煤炭店作抵押，臨時向銀行借來的；介紹信則是在了解了福澤與松永的關係後，藉口向福松商會購買煤炭，請秋原寫的。然後，他利用豪華氣派的西村飯店作舞台，成功地進行了一場兵不厭詐的上乘表演。

其後，山下一文不花，從福松商會得到了煤炭，再轉賣中部，並從中大獲其利。

業務介紹信，飯店裡設宴談生意，給招待員小費，這些都是日本商界中司空見慣的例行公式。山下就是利用這些極為平常的小事，顯示自己擁有雄厚的財力，隱藏自己沒有資金做煤炭生意的事實，從而達到自己的目的。

而年輕的松永，被山下誠懇恭敬、熱情招待和慷慨大方所迷惑，只能輕信了山下。如果他事先知道山下的底細，怎麼可能同意對方的建議呢？

所以，在商業活動中，瞅準時機，利用買賣雙方相互需求的心理，兵不厭詐，「對縫下針」，確是可以獲取可觀的利潤。

借刀殺人

釋義

「借刀殺人」意為：為保全個人的名譽和地位，借用別人之刀殺人。或為某種利益，借用他人的力量，替自己害人或取得個人的利益。從古迄今，奸臣或陰謀家慣用此伎倆加害他人。因此，為人處世，不可不慎。

謀略典故

這個智謀見於《三國演義》二十三回『禰正平裸衣罵賊　吉太醫下毒遭刑』。

講的是：老謀深算的曹操為顯肚量，用孔融推薦的禰衡。誰想禰衡恃才自傲，瞧他不起。曹操為保個人名譽，不想親手殺了禰衡，讓他出使荊州。荊州劉表知曹操用意，不中計，又令禰衡去江夏見黃祖。黃祖因受不了禰衡嘲諷，一怒之下殺了禰衡。事後曹操笑曰：「腐儒舌劍，反自殺矣。」

典故名篇

❖周瑜計除蔡瑁、張允二將

公元二〇八年，曹操親率80餘萬大軍攻伐東吳。孫權命周瑜為大都督，領軍應戰。雙方對峙於三江口南北兩岸。

一天，周瑜乘坐樓船至江北探看曹軍水寨，發覺曹操水軍陣營十分嚴整，「深得水軍之妙」，不禁大吃一驚，便問曹軍水軍都督是誰？左右回說是蔡瑁、張允。周瑜聽罷心想：蔡、張二人久居江東，十分熟習水戰，如不設法除掉，很難攻破曹兵！

第二天，周瑜正在軍中議事，忽接軍報，說是曹操軍中有故人蔣幹前來拜望。周瑜一聽，笑著對在座眾將說：「這是曹操的說客到了。」他靈機一動，計上心來……

周瑜把蔣幹迎到軍中，寒暄一番後，大張筵席，盛情款待，還請了數十員文官武將出席作陪。席間，他命令部將太史慈擔任監酒官，交待說：「今日我與故人相會，只敘友情，不談軍隊之事。但有違令者，立斬不赦。」

蔣幹聽了這話，嚇了一大跳，心裡捉摸著：我本是奉曹公之命，以故舊之情前來勸說周瑜歸降。誰料他一下就把門給封死，這卻如何是好？他看到周瑜對太史慈下令時，神情嚴肅，又不敢造次，只好懷著一肚子鬼胎，硬著頭皮，坐在那裡飲酒。

酒宴間，滿座文武，杯觥交錯，談笑風生，一直鬧到夜深。

這時，周瑜佯裝酒醉，對著蔣幹說：「子翼（蔣幹的號），難得今日老友相聚，今晚就與我同眠一榻吧！」邊說邊拖著蔣幹朝自己的大帳走去。

到了帳裡，周瑜躺在榻上，只一會兒便呼呼「睡熟」，蔣幹卻睡不著，聽到軍中已打二更，便藉著帳內殘燈，起身張望，猛然見到書案上堆著一卷文書……「這其中定有些軍事機密！」他心裡這樣想著，隨即悄悄起來翻閱偷看，果然看見其中一封信是曹軍水軍都督蔡瑁、張允寫來的。信上竟寫著這樣一段話──

某等降曹，非圖俸祿，迫於勢耳。今已賺北軍（指曹軍）困於寨中，但得其便，即將曹賊之首獻於麾下。早晚人到，便有關報。先此敬覆……

蔣幹一看，心不由得猛然往下一沉：好險！原來蔡瑁、張允竟是暗通東吳的奸細。他趕緊把信藏在衣袋裡，再回頭看周瑜依然躺在那裡深睡未醒，且說著夢話：「子翼，數天內，我教你看看曹賊的首級……」說完又打起鼾來。蔣幹聽了這些夢話，更是又急又氣，卻不敢聲張，只能回到床上和衣躺下，假裝入睡。

四更時，朦朧中，忽見外面有人進入帳內，將周瑜輕輕叫醒，悄悄說道：「江北有人到此……」周瑜連忙示意來人住口，起身與那人走出帳外。蔣幹又模模糊糊聽到那人在帳外對周瑜說：「蔡、張二將說：『急切不得下手！』……」不一會，周瑜回到帳內，走到榻前，叫了蔣幹幾聲。蔣幹只是蒙頭假睡，不予理睬。周瑜見蔣幹不「醒」，自己又躺下睡著了。到了五更天時，蔣幹眼看天將大亮，便偷偷起身，走出大帳，帶上隨從，一溜煙駕船回到曹軍大寨。

回到大寨，曹操詢問此行情況如何？蔣幹回報：「周瑜心志很高，非言詞所能說動。」曹操聽了，老大不高興。蔣幹便接著說：「主公且勿憂慮！這次過江，雖然游說不成，卻打探到一件極重要的機密！」說著，立刻拿出從周瑜帳中偷來的信遞給曹操，並將昨夜所見所聞，向曹操稟報。

曹操不聽則已，一聽勃然大怒，立即命人將蔡瑁、張允叫來帳中，厲聲道：「我命你二人今日進軍東吳！」蔡、張二人不知底裡，回稟道：「目下水軍尚未練熟，不宜輕進。」曹操聽罷更怒，喝道：「等水軍練熟，我的首級早已獻給周瑜了吧！」蔡、張聽了這話，一時摸不著頭腦，慌忙中也不知如何對答。正猶豫間，曹操已下令將二人立即推出轅門斬首。

❖ 威爾遜高價出售品質

20世紀40年代，威爾遜從父親手裡繼承美國塞洛克斯公司。一天，一位德籍發明家約翰・羅梭來訪，談到自己正在研究的乾式複印機。兩人一拍即合，同意合夥協作。

經反覆研製，塞洛克斯公司終於製出乾式複印機成品——塞洛克斯9—4型。當時市面上所有的複印機都屬濕式，使用前必須用專門塗過感光材料的複印紙，印出的是濕漉漉的文件，需要乾透才能取走，很麻煩。對比之下，乾式複印機便利得多。

威爾遜決定把這項產品作為「拳頭產品」推出。起初，他打算把首批貨以成本價推銷，以圖開拓市場。他的律師提醒他：這是傾銷，法律不允許。威爾遜於是將賣價定為2.95萬美元。

其實，乾式複印機的成本僅2400美元，他卻喊出了相當於成本10多倍的高價。這可把副總經理羅梭驚呆了。

當時，法律禁止高價出售商品。威爾遜卻信心百倍，解釋道：「我不出售成品，而是出售品質和服務。」

不出他所料，這種新型複印機果然因定價過高，被禁止出售。但由於展銷期間已經向大眾展現了它獨特的性能，消費者莫不渴望能用上這種奇特的機器。

威爾遜早已獲得了複印機的生產專利權，「只此一家，別無分店」。所以，當他把新型複印機以出租的形式重新推出時，顧客頓時蜂擁而至。儘管租金不低，由於受到以前定價很高的潛意識影響，顧客仍然認為值得。

到了一九六〇年，威爾遜的黃金時代到了。乾式複印機一下子流行起來。公司拼命生產，產品仍供不應求。由於這項產品被塞洛克斯公司獨家壟斷，加上已有過高額租金，所以塞洛克斯9—4型複印機以高價出售，大量利潤像潮水般滾滾湧來。

這個案例中，法律雖禁止威爾遜高價出售，威爾遜卻反過來借法律這把「刀」，封死了消費者購買之門，把他們逼向他為他們準備的租借之路；而且，他藉由訂出超出平常的高租金，斷了消費者廉價租用的念頭，為以後的高定價出售做好了準備。

釜底抽薪

釋義

「釜底抽薪」意為：抓住事物的主要矛盾，排除次要矛盾的干擾，把握住影響全局的關鍵，分析出敵方的致命弱點，進而攻之，取得全盤勝利。主要矛盾解決了，表面的有關矛盾也將迎刃而解。從古到今，這一謀略屢屢被各方決策者用於指導戰爭、商戰。運用得當，可迅速取得事半功倍的勝利。

此謀略，釜底是表面現象，抽薪為關鍵，也是主要矛盾所在。了解這經典謀略，活學活用，即可讓自己立於不敗之地。

謀略典故

這個智謀見於《三國演義》三十回『戰官渡本初敗績，劫烏巢孟德燒糧』。

講的是：袁紹在曹操缺糧的情況下，主觀決斷，不聽許攸勸告，致曹操得以在烏巢將他的軍糧燒掉，從而導致了袁軍的逃散。

典故名篇

❖哈默智取「太平洋」

一九六一年，哈默石油公司在奧克西鑽出了加利福尼亞州第二個最大的天然氣田，價值2億美元。幾個月後，哈默公司又在附近的布倫特伍德鑽出一個蘊藏量十分豐富的天然氣田。

這使得哈默公司的資產、規模都得到壯大。但與那些實力雄厚的大石油公司相比，仍是「小巫見大巫」。正因如此，當哈默興沖沖地親自趕到太平洋煤氣與電力公司，欲與這家公司簽訂為期20年的天然氣出售合同時，卻碰了一鼻子灰。

太平洋煤氣與電力公司毫不在意這家剛剛有了一些起色的石油公司，只用了三言兩語，就把哈默打發走了。他們說，他們不需要哈默的天然氣，因為他們最近已經耗費巨資，準備從加拿大的艾伯格到舊金山的海濱區修建一條天然氣管道。這樣一來，大量的天然氣就能從加拿大通過管道，輸到美國……

這無置於給哈默當頭澆了一盆冷水，使他大為難堪，一時間竟然不知所措。

俗話說：「薑是老的辣。」哈默不愧是當代少有的大企業家，他很快就從茫然中鎮定下來，憑藉自己多年的經驗，想出一條「釜底抽薪」的錦囊妙計。

他驅車趕往洛杉磯市。洛杉磯市是太平洋煤氣與電力公司的買主，天然氣的直接受益者。他前往市議會，繪聲繪色地向議員們講了一通他的構想：從拉思羅普修築一條天然氣管道，直達洛杉磯市，他將以比太平洋煤氣與電力公司和其他任何公司更為便宜的價格向洛杉磯市供應天然氣，以滿足市民的需要。而且，他會加快修建管道的工程進度，將比太平洋煤氣與電力公司和其他任何公司提供天然氣的時間更為縮短，洛杉磯市民將在近期內用到他的便宜的天然氣。

在這場戰鬥中，哈默憑藉自己的智慧與經驗，爛熟地運用「釜底抽薪」之術，戰勝了對手，贏得了勝利。

❖ 船王的沙漠之旅

施展「釜底抽薪」之計，可以由挖對手的「牆腳」開始，削弱其戰鬥力，從而改變力量對比。在西方世界的商業競爭中，各方力量就不斷變換使用這類花招。

一九五三年夏，一艘當時世界上最豪華的遊艇駛進了沙烏地阿拉伯的吉達港。這艘名為「克里斯蒂娜」的遊艇，誰都知道是希臘船王歐納西斯所有。歐納西斯夫婦既非度假遊，也非到麥加朝聖，他們到沙烏地阿拉伯，究竟是為什麼？

「顯然，歐納西斯是覬覦阿拉伯的石油。否則，他到吉達一事就無法解釋。但是，他將怎樣對付擁有開採那裡的石油壟斷權的阿美石油公司呢？」美國《華爾街日報》這樣猜測，並提出問題的關鍵。

眾所周知，沙烏地阿拉伯享有大自然賜予的寶貴財富——石油。一九五三年，世界石油總產量為6.5億噸，沙烏地阿拉伯就佔了4億噸，而且每年增長0.5億～1億噸。

西方實業家嗅到這巨大財富的氣息，爭先恐後，來到這陽光炙人的國度，意在爭取沙烏地石油的開採和運輸權。但阿美石油公司和沙烏地國王早就訂有明確的壟斷開採石油的合約：每採出1噸石油，給沙烏地相當數目的特許開採費。石油採出後，由阿美石油公司的油船隊運往世界各地。阿美石油公司的這堵高牆，嚴密地保護著它的特權，幾乎連一點縫隙也沒有。其他公司只好望洋興嘆，含恨而歸。

然而，歐納西斯在設法搞到合約影印本後，經過一番仔細研究，發現這份合約並沒有排除沙烏地阿拉伯擁有自己的油船隊，從事石油運輸。

這不就是阿美石油公司嚴密防守的高牆留下的縫隙嗎？而且，歐納西斯完全有能力鑽進去。石油不運出沙烏地阿拉伯，就不能獲得它應有的市場價值。因此，只要設法壟斷沙烏地阿拉伯石油的海運權，形勢就對阿美石油公司大為不利，從而可以迫使它轉讓出部分股份，歐納西斯就可以實現他直接插手石油業的願望了。

帶著美好的憧憬，歐納西斯在吉達港一下船，就直奔沙烏地阿拉伯首都利雅得，到王宮做了一次「閃電式」的訪問。他和年邁的國王做了長時間的密談。

「年高德重的國王啊！阿拉將人間的財富賜給您，您為什麼不想法把您應得的錢再提高一倍？阿美石油公司開採您的石油，通過運輸，又賺到兩倍的錢。您為什麼不自己買船運輸呢？阿拉伯的石油理應由阿拉伯的油船運輸啊！」

聽了船王這番話，國王由起初的驚愕，漸漸轉為興奮……

幾個月後，歐納西斯和沙烏地阿拉伯國王簽訂了震撼世界企業界的《吉達協定》。協定中規定，成立「沙烏地阿拉伯油船海運有限公司」，擁有50萬噸的油船隊，全部掛沙烏地阿拉伯國旗。公司擁有沙烏地阿拉伯油田開採的石油運輸壟斷權，公司的股東是沙烏地阿拉伯國王和歐納西斯。

協定的簽訂宣告了歐納西斯的成功。這個協定一旦全部實行，沙烏地阿拉伯和歐納西斯各自想得到的都能得到，阿美石油公司卻將遭到致命的打擊。鍋底燃燒正旺的柴被抽走了，鍋裡的水還能開嗎？

歐納西斯在沙烏地阿拉伯以「閃電外交」擊敗世界最大的石油公司——阿美石油公司，靠的就是「釜底抽薪」之計——找到對手的弱點，成功地攻擊對手的生命線。

每個企業經營者都有可能遇到強大的對手。此時不要和對方硬碰硬。應該懂得：無論對方多麼強大，都有他賴以生存的生命線。這就是沸水鍋底的燃柴。找出這燃柴並抽掉它，再和對方鬥智鬥勇，就容易多了。

❖ 三小時賺了幾百萬

尼桑·洛斯查爾德在股票買賣中，經常倚著一根柱子，故獲得雅號「洛斯查爾德之柱」。尼桑的臉色，就是周圍許多人股票交易的晴雨表。

這是個特殊的日子。股票交易人更加關注尼桑的臉色和舉動。

此前一天，世界上發生了一件足以引起全球振盪的大事——英法兩國交戰於滑鐵盧。這一仗，不光會決定兩國的命運，當然也會影響到兩國股票價格的漲跌——英國若獲勝，英國公債將暴漲；法國拿破崙勝利的話，英國公債必定大跳水。

所有股票生意人此刻全騎在老虎背上，上下為難。

他們只能等待。誰的消息靈通，誰就能先於別人動手，或買或賣，大賺一筆。

戰爭發生在比利時首都布魯塞爾南部，距英國倫敦非常遠。

當時既沒有無線電，也沒有飛機和火車，只有水路上的汽船。消息只能透過快馬傳遞和汽船運送。而這些管道只有官方擁有，大夥兒只能坐等官方發布消息。

正在大家等待得焦急萬分的時候，洛斯查爾德之柱尼桑運用釜底抽薪的計謀，開始拋出英國公債。

尼桑賣了！

消息迅速傳遍股票市場。

英國人吃了敗仗，快賣英國股票！

大夥兒蜂擁而上，跟進很快演變成恐慌性大拋盤，英國公債頓時暴跌。

尼桑仍然不動聲色地繼續拋出。

直到英國公債跌入谷底，他突然悄悄地返身大量購進已暴跌至谷底的公債。

跟進的人全部傻了眼，不知發生了什麼事情。

他們互相問詢、談論、商量。但等他們從睡夢中醒來時，尼桑已經吃飽喝足了。

此時，傳來了英軍大獲全勝的捷報。英國公債價格直線上漲！

尼桑幾小時之內獲得幾百萬英鎊，簡直成了會變錢的魔術師。

其實，尼桑並不是在冒險，他很有把握。他不依靠英國官方的消息，而且比英國官方更早獲得戰爭勝負的信息。

洛斯查爾德家族的老五早在歐洲建立了龐大的情報網，專門用來搜集商業和政治軍事情報。家族內部，情報頻繁交換。洛斯查爾德家族總是比別人先一步知道許多事情。滑鐵盧之戰這麼重大的事當然也不例外。

隔岸觀火

釋義

「隔岸觀火」意為：旁人有危難，袖手旁觀。此計在古今中外，都可見到其芳蹤。無論用於軍事、政治或經濟，都有其利益的取涉者。後來者認識其實質，已非在擷取其精華，而是為提高現實生活的質量。

謀略典故

這個智謀見於《三國演義》第三十二回『奪冀州袁尚爭鋒，決漳河許攸獻計』和三十三回「曹丕乘亂納甄氏，郭嘉遺計定遼東」。

講的是：曹操為成就大業，採用謀士郭嘉所獻之計，挑起袁譚與袁尚大動干戈，隔岸觀火，最終打敗袁尚、袁熙，除掉袁譚和高平，一舉平定河西。其後又用計，借公孫康之手殺了袁熙、袁尚，並使公孫康自動歸服。

典故名篇

❖中日戰爭的「漁翁」

一九三七年7月，中日戰爭全面爆發。最初幾年，美國一方面對中國抗戰給予一定的援助和支持，另一方面又對日本採取綏靖政策，縱容日本對中國的侵略。美國這種兩面政策，實質上就是「坐山觀虎鬥」看最後「鹿死誰手」。

日本軍國主義者野心勃勃，妄圖獨佔中國，稱霸亞洲。美國對日本想當中國主人的做法當然十分不滿，「不承認」日本對中國領土的佔領，對中國的抗戰給予輿論上的支持和經濟上的援助。但是，它同時又從自身的利益出發，不願公開與日本作對，侈談「由美國出面，解決中、日兩國的糾紛」，對中國抗戰的正義性質不做表態。

一九三七年11月，中國代表在布魯塞爾會議上要求制裁日本侵略者。美國代表的態度極為曖昧，害怕刺激日本而遭報復，只是抽象地講了一番「雙方協商，和平解決」等毫無用處的空話。

為了發戰爭財，美國還向日本輸送了大量作戰物資。這無異於幫助日本打中國。

據統計，一九三七年，美國對日出口高達2.9億美元（之前，平均每年1.7億美元），其中60%是石油、石油產品、鋼和廢鋼材等。

一九三八年，美國向日本輸出飛機，總值一七四五萬美元，比一九三七年多了一五〇〇萬美元。日本侵略戰爭頭三年消耗汽油四千萬噸，其中70%由由美國供應。

美國利用中日交戰之機，既援助中國，又向日本出售作戰物資，坐收漁人之利。這種種「坐山觀虎鬥」的做法，使日本軍國主義越來越猖狂。直到珍珠港事件爆發，美國才知道自己做了一件蠢事。

❖ 見縫插針巧賺錢

在商戰中，「隔岸觀火」計可引申為：當競爭雙方因矛盾激化而秩序混亂時，第三者不捲入其中而靜觀其變。競爭越激烈，對當事者雙方越不利。第三者根據形勢的發展做好準備，見機行事，坐收漁人之利。

70年代末，歐洲人創造了「魔術方塊」（簡稱「魔方」）。

香港人從報刊上看到歐洲人玩魔方的訊息，許多廠家都抓住仿製魔方，填補東方場空白的機遇，紛紛行動，派人去歐洲考察，了解魔方的生產情況。

民生化學有限公司的老闆敏銳地察覺到，為生產魔方創造條件也是一個機遇。他靈機一動，迅速要他的哥哥從歐洲將生產魔方的資料電傳過來，然後打出廣告：民生化學公司將為您提供全套生產魔方技術的資料。

一時間，上百家塑料廠上門爭購，一度蕭條的民生化學有限公司一夜之間轉衰為興，大賺了一筆。

二次大戰以後，美國的建築業大為發展，磚瓦工工價看漲，這對失業者來說，是一個難得的機遇。

一貧如洗的邁克為了生計，由明尼亞波利來到芝加哥。他看到了招工廣告，卻沒有投入應徵當磚瓦工的洪流，而在報紙上刊登了「你能成為磚瓦工」的廣告。他租了一間店鋪，請來一位瓦工師傅，買來一千五百塊磚頭和一堆沙石作教材，開展培訓業務。許多人蜂擁而至，出高價受訓。結果，邁克10天之間就獲利三千美元，等於一個瓦工兩百天的收入。

企業競爭如同戰場上的角逐。當一種東西為眾人所共有，往往也可以給自己帶來盈利的契機。能否抓住這一契機，關鍵在於能否「隔岸觀火」。只有靜觀形勢，耐心等待，不忙於一時的競爭，才能冷靜決斷，抓住時機，實現自己的目標。

❖ 一塊油田的地皮

美國有一位石油巨子的發家史，頗能發人深省。

一開始，他只是個默默無聞的窮青年。但他認定開發石油大有前途。於是，他到處奔波，反覆考證，選擇了一塊表面看來不起眼，實際上卻很有潛力的油田。接著他就籌措了必要的資金，悄悄做著人員和工程開發等各方面的準備。

但是，對這塊油田感興趣的大有人在。無論從實力、權勢或經驗上，他都無法同這些人匹敵。他卻知難而進。他經常進入地產拍賣所，熟悉地皮的價格和行情；對那些有興趣開發油田的人，進行深入的了解，不僅掌握了他們的資金、人員、技術等情況，而且進一步深入剖析這些人的心理狀態，以尋找戰而勝之的辦法。

這塊油田地皮的拍賣就要開始了。能否買到這塊地皮，是他進軍石油事業的第一戰，也是決定整個戰役勝負的關鍵。

拍賣場上人頭攢動，聚集了石油實業家、經紀人、地產商各式人物。他不露聲色地混跡其中。儘管場上人數眾多，但大家都不急於報價，有的暗中盤算，有的私下議論，都想後發制人，一舉戰勝所有的對手。場上充滿勾心鬥角的緊張氣氛。

一個大腹便便的石油資本家站了起來。他並未開口報價，只是用兩眼威嚴地掃視了全場一周。就這麼一下，已嚇退了一半實力不那麼雄厚的競爭者。他們哪敢同這個石油資本家進行抗衡呢？

但也有不服氣的。一個瘦小精幹的地皮商連身子都沒有挪動，只是輕輕地乾咳了一聲。這下子，把另外的一小半人也震動了。

許多人都領教過這個地皮商高明的手腕，有的還不止一次成為他的手下敗將。

報價終於開始。大腹便便的石油資本家和瘦小精幹的地皮商都擺出這塊地皮「非我莫屬」的架勢。別的人只是湊湊趣，填填底，報價數都在低水平上徘徊。要等這兩員大將出馬，才會出現真正的惡戰。

兩員大將還沒開始交手，拍賣場上又進來一位衣冠楚楚的紳士。

「呵——」在場眾人發出一聲長吁。此人是本地最具財力的銀行家，平時從不涉足拍賣行，此番出場，看上去，也顯現出不達目的，決不罷休的姿態。

大腹便便的石油資本家和瘦小精幹的地皮商自知不敵，知趣而體面地退出了拍賣場。囊中羞澀的、趕場湊趣的、不知底細的也紛紛離場而去，偌大的拍賣場所剩人數已寥寥無幾。

我們那位頗有心計的故事主人公覺得時機已到，終於以五百美元的低價買進這塊油田地皮。原來他把籌集到的所有的資金都已存入本市最大的銀行，他特地請來這家銀行的老闆為他壓陣助威。

等到所有相關者搞清事情的真相，那塊油田已開始動工建設了。

無中生有

釋義

「無中生有」意為：本來沒有的事，憑空捏造出來，以達到某種目的。此計多政治、軍事鬥爭和經濟競爭中常被採用，其關鍵是要巧妙運用，做到全無破綻。三國人物使用此計都很成功。這足以說明前人總結的精妙之處是何等絕倫。

謀略典故

這個智謀見於《三國演義》三十六回『玄德用計襲樊城　元直走馬薦諸葛』。

講的是：曹操聽聞劉備的謀士徐庶很有才幹，很是嚮往。經程昱獻策，他抓住徐庶孝順老母的弱點，設計誘之，最終誆得徐庶離開劉備。但徐庶人在曹營心在漢，自覺受騙，故不為曹操設一計謀。從而也引出「徐庶進曹營，一言不發」的歇後語。

典故名篇

❖真真假假，張興世襲擊錢溪

南朝宋明帝泰始元年（公元四六五年），劉威殺了親兄劉子業，自己當了皇帝。權力更迭，引起了一片混亂。

泰始二年，劉子勳在潯陽（今江西九江）稱帝，並進軍繁昌、銅陵，直逼劉威的國都建康（今江蘇南京）。劉威調遣主力部隊前去討伐。劉子勳派部將孫沖文鎮守赭圻（今安徽繁昌縣西南），劉胡鎮守鵲尾（今銅陵境內）。劉威派龍驤將軍張興世率水軍沿江南下，一舉攻佔湖口的兩座城鎮，卻在鵲尾洲受阻。兩軍對峙，張興世計劃用一支精幹部隊佔據上游要點，切斷劉子勳軍前後聯繫，以尋找戰機，出奇制勝。

錢溪位於錢江上游，地形險要，江面水流湍急且多漩渦，來往船隻到此都要停泊，是劉子勳軍的咽喉要地。於是，張興世決定從這裡突破。錢溪守軍劉胡的部隊力量不弱，張興世決定智取。他派出幾隻船快速向上游行駛。錢溪守軍發覺，正要採取行動，張興世的船隻卻馬上掉頭往回走。一連數日，天天如此，錢溪守軍也就習以為常了。

一天晚上，張興世率大批戰船揚帆猛進。劉胡起初以為他又是虛張聲勢，不加理會。後來聽說來的真是大批戰船，才派出部分船隻，監視其動向。第二天傍晚，張興世在景江浦停下，劉胡的船也停在對岸。晚上，張興世率全部戰船迅速進入錢溪。劉胡派出的船隻因弄不清敵方的目的，又不明白己方主將的意圖，眼睜睜看著張部戰船全部進入錢溪。待劉胡明白過來，再派船隊攻打，張興世已做好防守的準備。劉胡的船隻慌忙間進入江中漩渦，擁擠不堪，行動遲緩，與陸上步兵又失去協同，終於大敗而走。

❖ 智能者勝

三菱和三井都是日本赫赫有名的企業集團，也是一對在商戰上水火不相容的宿敵。

這兩個集團所掀起的一場空前慘烈的海運之爭，使雙方都付出沉重的代價。最終，三菱將三井打敗了。但三菱仍不善罷甘休，決心將對手置於死地，讓它永無翻身之日。

於是，海上的硝煙剛散，陸上的戰火又燃。為了三池煤礦的主權，三菱和三井再度展開一場激戰。三池煤礦是日本最大的煤礦，一直由政府經營，是日本獲得外匯的主要來源。在此之前，其銷售權由三井物產公司獲得。三井公司的總經理益田孝一直忙於煤的出口，期望帶來好業績，以帶動三井的成長。

這時，三菱的第二代領導者岩崎彌太郎也看上了三池煤礦。日本政府所經營的另一個礦坑——高島煤礦，賣給後藤象三郎，後藤曾向彌太郎借款。於是，彌太郎就和他商量，採取以煤替代金錢的方式償還。三菱就這樣獲得了高島煤礦，成為陸地上經營的主力。但三菱意猶未足，對三池煤礦虎視眈眈。

岩崎和三菱的擁護者大隈重信（政治家，曾任二屆首相，內閣總理大臣，也是早稻田大學的創辦人、第一任校長）一同建議政府，將三池煤礦指定公司賣出，並以三百萬元的價錢出售。此時，三井公司不幸正面臨資金周轉上的困難，要拿出這筆很大數目的錢幾近不可能。三菱便是利用三井這個弱點，迫其打退堂鼓。

但是，這只不過是三菱一廂情願的想法罷了。大藏省大臣松方正義認為三池煤礦是獲得外匯的主要來源，就算要賣，也要以最低四百萬元，公開投標的方式出售，而且他的態度十分強硬。大隈雖是政府官員之一，也無能為力。

結果，指定三菱購買的計畫案被退回，內閣會議決定公開招標。這是一八二八年四月份的事。價錢提高了一百萬，三井物產當然無法負擔。大隈於是預測，三池煤礦必會落入三菱手中。

益田孝當然不會將三池煤礦拱手相讓。他下決心，即使與三菱鬥個魚死網破，也一定要得標。因為三池煤礦對三井物產而言，實在太重要了，果真失去它，對三井是致命性的打擊。如此一來，三井全力開拓的香港、上海、新加坡等國外市場，將全面被封鎖，日後物產的出口必會受到很大的影響。然而，益田孝此時面臨巨大的困難——資金不足。金錢是商戰的武器，沒有錢，就寸步難行，更別說戰勝強硬的對手了。

時間十分緊迫。投標期限定在7月30日。在這之前，要將投標價格報給大藏省。8月1日開標，得標者在年底要先繳交一百萬元保證金，餘數在15年內付清。

為了這件事，益田孝拼命說服三井銀行的代理董事借給他一百萬元。但對方就是不肯，因為當時三井銀行本身也有龐大的貸款，隨時都有倒閉的危險，加上日本銀行已設立，其向公家所借的錢必須盡快繳回，因而更不可能答應益田孝的要求。物產公司是益田孝所創，對三井龐大的關係企業而言，只是中途加入的一部分，三池媒礦屬物產公司所有，並不是三井歷代傳下來的事業，三井家的總管事又怎麼會答應讓已瀕臨危險邊緣的三井公司再受到不利之融資的影響呢……

益田孝並不死心，三番兩次地找三井銀行商談，說明三池對三井物產公司的重要性。並且，為了借一百萬元，他不惜用自己個人的私產做抵押。就是這樣堅定的誠心，終於感動對方，並且自願做益田孝的保證人。

日後，益田孝談到這件事，總是說：「若是前任總管事當董事，絕不會借錢給我。假設我處在三井銀行的立場，也不會把錢借出。」

雖然一百萬元的保證金借到了，但真正的困難還在後面。

到底該用多少錢投標？既要以低價得標，又要考慮對手三菱集團的價錢。最後，益田孝決定以三井的名義投410萬元，用另一個名義投420萬元。但他又有些躊躇：三菱投450萬元的可能性很大，投一個

450萬元吧！不過，三菱恐怕也會這樣推測。於是，他又加了五千元，成為455.5萬元。

開標的前一天，益田孝緊張得徹夜未眠。

決定命運的日期——8月1日到了。開標結果，由一個默默無聞的人得標，標到的價錢是455.5萬元。次高者是京都一個富商的450萬元。第三標也是一個默默無聞的人，價錢是427.5萬元。第四標才是以三井名義所投的410萬元。

事實上，第一高標和第三高標都是益田孝假冒名稱投下。假如三菱所投的價格比第三高標價格低，益田會安排第一標將三池讓給第三高標者。

往後數年，三井依然很窮困。但益田憑著堅毅不屈的決心，終於使得三井的業績逐漸好轉，最後更使三池成為三井的寶庫。根據一九三二年的朝日新聞報導，三池煤礦的年產量平均300萬噸，年獲利在10億元以上。而且一九三二年以後，三池又產出了黑鑽石。益田孝總算為三井報了一箭之仇。

❖ 承包商賺錢有術

某國有一個建築承包商，專門從事承攬大項建築工程的生意。攬下生意後，他便把大工程劃分成若干小工程，再分別承包給其他施工單位。由於他不僅能用較高的價格攬下生意，而且能很快地以最低的價格把工程分包出去，所以大賺了一筆。同行起初覺得很奇怪，後來才發現他所使用的經營「祕方」。

在從別人手裡承攬生意時，他總是派出自己的心腹，假扮成與自己競爭的承包商。這些假承包商分別喊出極高的價格之後，他才站出來表示，願意以一個相對較低的價格投標。發包方經過比較，當然就選擇他這位出價最低的投標商。其實，他所出的最低價往往是此類工程的最高價。

之後，他向外發包時，採取更奇妙的辦法。每次有投標者同他洽談分包價格，他起初總是迫使對方一再壓價。待談判處於僵持狀態，他的祕書便會「適時」敲門進來，說是有緊急電話，需要他馬上去接。這時他會故作慌亂，將手中的「機密材料」忘在談判桌上。

談判對手對這些材料當然很感興趣，便偷偷翻看，見是所有施工單位對此項工程的「競標單」。不看則已，一看必定慌了手腳，暗自慶幸自己及時發現這個「祕密」，不然，到手的生意就會被人搶走。等他重返談判桌，投標者便主動把投標價壓得很低。當然，雙方很快就成交了。其實，這些投標者偷看到的「機密材料」都是他精心偽造的，而祕書的打擾也是事先設計好的「橋段」。

這位聰明的承包商在向他人承攬生意時，虛擬一些抬價者；分包時，又虛擬出一些壓價者。無論是抬價者，還是壓價者，實際上都不存在。運用這種「無中生有」的計謀，使他在建築行業競爭中始終立於不敗之地。

❖ 麥當勞的奇蹟

「無中生有」，空靈脫俗，成大事而不費大力，在商業經營中，廣為原本處於被動地位的弱小者所採用。

窮得連小學都沒讀完就出來做推銷工作的美國人克羅在認識了餐館業主麥克唐納兄弟之後，心中產生了一番改革美國快餐行業的遠大抱負。

可是，他只是一個窮光蛋，身家一貧如洗，有什麼資格插足快餐業？又如何實現他的抱負？

經一番觀察和思索，他要求麥氏兄弟收留他。即使是當一名跑堂的小夥計，他也很樂意。他還說，他在餐館工作之外，仍會兼做原來的推銷工作，並把推銷收入的5％讓給老闆。麥氏兄弟一聽，當即爽快地答應他的要求。

克羅進入餐館之後，迅速掌握了餐館的實力和條件，並靠著異常的勤奮，博得老闆的信任。其後，他不斷向麥氏兄弟提出改善營業環境的建議——配製份飯、輕便包裝、送飯上門。他還建議在店裡安裝音響設備，使顧客更加舒適，大力改善食品衛生，精心挑選服務員，讓那些動作敏捷、服務周到的年輕漂亮女孩當店面的門面，把那些牙齒不整潔、相貌平平的人安排到後方工作……

不知不覺間，克羅在餐館裡幹了六年，經驗越來越豐富，腦中的新點子越來越多。麥克唐納快餐館在美國也頗有名聲了。於是，在一九六一年的一個晚上，克羅對他已深切瞭解的老闆麥氏兄弟說，他要買下這家餐館，開價270萬美元。

一切都在他的預料之中，事情進展得異常順利。第二天，餐館裡主僕易位，店員克羅把老闆炒了「魷魚」。

接著，快餐館以嶄新的面貌出現。短時間內，那270萬美元很快就回到克羅的口袋。再過二十年，速食餐館總資產已達42億美元。這就是今天的「麥當勞」速食王國。

上樓抽梯

釋義

「上樓抽梯」也叫「登樓抽梯」，或「上屋抽梯」。意為：讓人爬上高樓，然後趁機搬走梯子。比喻慫恿他人做某件事，且使之只能進，不能退。古代的政治家、軍事家都善用此計，為其政治和軍事目的服務。當今的商戰中，也常見此計的蹤跡。

謀略典故

這智謀見於《三國演義》三十九回：『荊州城公子三求計，博望坡軍師初用兵』。

講的是：東漢建安四年，曹操在官渡巧施計謀，以少勝多，大敗袁紹。一度依附袁紹的劉備在建安十二年，三顧茅廬，請出了諸葛亮。當時，劉表與孫權戰事失利，曹操正打荊州的主意。荊州內部各集團之間的矛盾日趨尖銳。劉表不喜歡前妻所生的大兒子劉琦。劉琦為避禍自保，求教於諸葛亮。在劉備相幫下，他運用「上樓抽梯」之計，終求得諸葛亮為他謀了一條出路——帶兵鎮守江夏，從而避過了劉琮集團的迫害。

典故名篇

❖ 蔣介石撕毀停戰協定

一九四六年7月，蔣介石撕毀「停戰協定」和「政協決議」，向解放軍佔領區進攻。這是典型的「上樓抽梯」史例。

一九四六年1月10日，國、共代表之間商定了關於停止軍事衝突的協定，即「停戰協定」。它規定雙方軍隊應於1月13日午夜，在各自的位置上停止軍事行動。

與此同時，1月10日至31日，國民黨、共產黨、其他黨派和無黨派人士代表在重慶舉行政治協商會議，通過了五項決議。

然而，在停戰令下達之際，即有國民黨軍隊搶佔戰略要點。其後又不斷調動軍隊，向解放軍佔領區進攻。

「政協決議」五項，在各種不同程度上，頗有利於人民而不利於蔣介石的統治。蔣介石一方面表示承認這些協議，另一方面則積極準備發動內戰。不久，這些協議即被蔣介石一一撕毀，展開全面剿共的大戰略。

❖ 口香糖的活廣告

里力是美國一家口香糖製造廠的老闆。有一天，他突然對電話簿產生興趣。只見他一個人坐在辦公室裡，拿著紐約市的電話簿悉心研究。

女祕書問他：「里力先生，你在研究什麼？」

里力回答：「我在研究口香糖的促銷策略，現在已經有了眉目。你去把各個辦公室的人都叫到會議室，我要跟大夥兒計議一番。」

原來，這家工廠生產的口香糖雖說品質優良，包裝精美，價格適宜，在市場上卻不暢銷。原因很簡單，它是新牌子，不為人所熟悉。為此，里力準備採取「先嘗後買」的推銷法。

各辦公室的工作人員很快齊集會議室。里力對他們說：「我已調查過了，紐約共有150萬戶居民。我打算每戶居民贈送塊口香糖。」

生產部門的負責人立刻回應：「那需要600萬塊口香糖，我們的倉庫裡有現貨。」

「不！還得繼續準備。」里力說：「我們要贈送一段時間，直到社會大眾對我們的口香糖留下深刻的印象。」

生產部門只能遵命去做準備。

里力又對儲運部門的負責人說：「請馬上把倉庫裡的存貨全部提出來。」

儲運部門的負責人也遵命前去提貨。

然後，里力對餘下的人說：「請各位按電話號碼簿上的地址，開列收糖人的姓名和地址，郵寄口香糖。」

全體工作人員在里力指揮下，整整忙了一天，把紐約所有居民的地址寫在信封上。

第二天，紐約市各家各戶都接到里力贈送的口香糖。其後，到處可見孩子嚼著里力生產的口香糖，吹著泡泡的景象。他們一個個成了「活廣告」。

隔一天，孩子們又收到里力的禮品。日復一日，他們吃里力口香糖已經習以為常。有一天，里力的口香糖不再寄來了，他們就到各個店家去買這種口香糖。就這樣，里力的口香糖一下子就佔領了市場，成為孩子們必不可少的零食。

「先嘗後買」的經營方式並非里力所創，但使用得如此巧妙，聲勢如此之大，效果如此之好，卻是他的獨特之處。「先嘗後買」為「上樓抽梯」內涵的延伸，有更廣闊的含意。運用得好，必可產生事半功倍的效益。

虛張聲勢

釋義

「虛張聲勢」意指用手段蒙蔽敵方，使其產生錯誤的判斷，甚至跌入你設下的陷阱。施此計，可以弱制敵，以少勝多，脫離危難之境，轉變自己的弱勢局面。從三國時代的張飛到當今的政治家、商家和成功者，深刻領會這一謀略並善加運用者大有人在。

虛張聲勢，從字面意義看不甚雅致，在現實生活中，運用得當，卻可發揮「事半功倍」的功效。

謀略典故

這個智謀見於《三國演義》四十二回『張翼德大鬧長坂橋，劉豫州敗走漢津口』。

講的是：張飛在長坂橋設下以假亂真之計，救了趙雲，且以英雄氣概嚇破了夏侯傑的膽，智退曹軍追兵。

典故名篇

❖ 阿拉曼的假炮陣

一九四二年9月，英軍指揮官瓊斯在阿拉曼戰場修築了三個半的炮兵陣地，陣地上安排了假砲，並做了嚴密的偽裝，但又故意露出一些破綻，使德軍足以看透偽裝，探知這是假炮兵陣地。德軍果然發現這是假炮兵陣地，遂不加注意。其後，在戰鬥打響之前，英軍卻悄悄地把真炮推了進去。對德軍發起進攻時，這些「假炮」驟然猛烈開火，打得德軍驚慌失措。

❖ 岡村奇計促銷

進入本世紀中期，日本經濟飛速發展，日本人的生活習慣也日益西化，一些傳統商品不再受到社會大眾的歡迎。

一九七四年，紫色棉被又在日本大流行。本來，那時日本的寢床已經洋化，傳統的紫色棉被陷入滯銷。那麼，它為什麼突然之間又變成了暢銷貨呢？

從幾百年前開始，日本就有贈送紫色棉被給老人的風俗。尤其是小兒子贈送的紫色棉被，更表徵著延年益壽的意涵。再次使這一風俗流行並成為一種廣泛的社會時尚，這個始作俑者就是川越市一家棉被廠的老闆岡村。

岡村是一位很愛動腦筋的商人。面對積壓如山的紫色棉被，他苦思冥想，終於想到一個好主意。

首先，他去向川越圖書館館長請教一則他自己編造的傳說：「在德川時代，聽說川越有一位孝順的兒子送了一套紫色棉被給他病弱的父母。他的雙親一睡在他贈送的棉被裡，沒多久就奇蹟般恢復了健康。當時的川越城主聽聞這件事，便賞了他100兩銀子。請問這位城主是誰？煩勞您將這故事詳細地講給我聽，好嗎？」

這位川越史專家當然不可能知道這則故事，只好說：「紫色棉被很早以前只有身分高貴的人才配享有，因為在昔日，紫色只有王者貴族才能使用，普通人是在德川時代以後才開始使用。至於你所說的那則傳說，很慚愧，我沒有聽過。」

那則故事雖然是編造的，但它的內容和影響很快傳播出去。沒過多久，岡村生產的紫色棉被就大為暢銷，幾乎無法應付紛至沓來的訂單。可以說，岡村銷售的並不是紫色棉被，而是那則編造的「故事」和故事中所蘊含的「美好祝願」。

❖ 川普迫使政府改計畫

以前，美國紐約市有一項名為「米切爾・拉馬」的貸款計畫，專為建築中等收入居民住宅的房地產商提供長期抵押貸款及減稅優惠。那時，川普希望得到這項優惠，計劃在西岸河濱的兩塊地皮上建造中等收入居民的住宅。

惜乎事與願違，紐約市的經濟每下愈況。到一九七五年9月，市政府宣布暫停所有新施工住宅的貸款；緊接著又宣布5年內中止「米切爾・拉馬」計畫。

川普知道，想從政府手中獲得補貼已不可能，便決定放棄最初的計畫。他擬出一個新的計畫，即說服市政府買下西岸河濱34號，作為紐約新的會議中心。這個新計畫就如同川普初到曼哈頓時想進入「快樂俱樂部」一樣艱難。因為那時紐約市政府有許多人主張，把紐約新會議中心建在曼哈頓南部的「炮台公園城」。

然而，艱難並非意味著無望。川普認準的事，他一定會想方設法達到目的。

看來，只有說服政府放棄「炮台公園城」，他們才可能接受他的計畫。然而，那些傲慢保守的政府官員，怎麼可能輕易改變他們的決定？

川普決定發動公眾輿論，以之作為「說服工作」的敲門磚。他挑選了幾名得力的助手，派他們去「游說」主要的政府官員。然後，他隆重地召開一場記者招待會。會上，那些被「游說」的政府官員果然有所轉變，提議將紐約會議中心建在西岸河濱34號。這個提議迅速見諸報端，引起各方關注，褒貶不一。

川普對反對派予以強烈的反擊。他強調，由於經濟蕭條的緣故，紐約市民對政府很不信任。這時如果建造一座新的會議中心，一定能使人心大振，創造政府的新形象，為重新恢復經濟繁榮起一個良好的開端。

他一遍遍發表演說，除了強調新會議中心對紐約市政府的重要性之外，還強力解釋了為什麼把新會議中心建在西岸河濱34號比建在「炮台公園城」更為有利。

川普憑藉自己出類拔萃的口才，贏得眾多市民及許多政府官員的支持。在強大的輿論壓力下，紐約市政府終於決定在西岸河濱34號建立新的會議中心。

待他得到83萬美元的豐厚收益，終於長長地吁了一口氣。這是闖蕩曼哈頓的第一筆大買賣，也是他第一次獨立做房地產生意。後來他曾反覆說，如果紐約市政府不買他那塊地，現在他可能只好在布魯克收收房租。

一九八二年，川普在新澤西州南海濱的大西洋城買下一塊地皮，準備修建遊樂場。消息傳出，一家度假村的經理邁克爾・羅斯旋即登門拜訪，與他磋商合作事宜。

羅斯提供了極其優越的條件：度假村願意籌集五千萬美元，並以度假村為擔保，向銀行要求最優惠的貸款利率。最後，羅斯還表示，願意貸給川普一大筆施工費。

面對如此優越的條件，川普立刻與羅斯草簽了合作協議。此項協議尚須交給度假村董事會批准。不久，羅斯安排度假村董事會到遊樂場施工現場察看施工進度，以便他們做出是否同意合作的表決。

對此，川普有些擔心，因為遊樂場還沒幹多少活。不過，經驗告訴他，這沒什麼好怕的。他迅速做出決定，在董事會參觀的那一天，調動所有卡車和推土機投入現場工作，擺出一副轟轟烈烈的施工景象。

幾天後，川普陪同度假村的董事來到遊樂場施工現場。只見工地上車水馬龍，煙塵四起；推土機、運載卡車、自卸卡車你來我往，忙得不可開交。所有董事立即被眼前的大會戰所吸引，懷著敬佩、讚嘆之心，離開了氣勢壯觀的施工現場。

度假村董事會正式和川普簽訂了合作協議。協議中的工程預算為2億美元，5千萬美元直接來自度假村，1億美元由他們提供貸款。有了條件如此優越的協議做後盾，川普的遊樂場終於順利完工。

激將法

釋義

「激將法」意為：調動己方將士的殺敵之憤，或激使盟友共同抗敵。此計也可用於激怒敵方，使其失去理智，做出錯誤的舉措，以利於己方乘虛而入。

謀略典故

這個智謀見於《三國演義》第四十三回『諸葛亮舌戰群儒，魯子敬力排眾議』和四十四回『孔明用智激周瑜，孫權決計破曹操』。

講的是：諸葛亮奉劉備之命，前往江東勸說孫權共同抗曹。為了抗曹，諸葛亮巧施激將法激起孫權、周瑜的怒火。最終，東吳的主戰派鐵心抗曹。

典故名篇

❖ 拿破崙妙語激將

拿破崙不但用兵如神，而且相當機智、幽默，擅長辭令。

一次，歐洲反法同盟軍向法國本土瘋狂進攻。法軍面臨一場激烈的防禦戰，擔任防禦任務的是拿破崙手下兩個屢建奇功的團隊。哪知，因士氣低落，這兩個團隊很快潰不成軍，痛失陣地。從戰場上逃離的兵眾，在拿破崙面前，個個像瘟雞般抬不起頭來。

拿破崙不言不語，背著雙手，審視他們好大一會兒。終於，他叫來傳令兵：「集合！將這兩個團隊的士兵統統集合！」

垂頭喪氣的士兵們惴惴不安，小心翼翼地觀察他的一舉一動。

拿破崙雙手交叉抱於胸前，在他們面前轉來轉去，皮靴叩碰地面的聲音越來越響，震得全場殘兵敗將心驚肉跳。拿破崙的臉也越來越陰沉。終於，他悲傷、憤怒地大聲斥責：「你們不應該軍心動搖！你們不應該隨隨便便丟掉自己的陣地！你們知道，奪回那個陣地，要流多少血嗎？」

敗兵們慚愧地低下頭。

拿破崙向身邊的參謀長下令：「參謀長閣下，請你在這兩個團的軍旗上這樣寫：我選擇逃走。他們不再屬於法蘭西了。」

這下子，全場嘩然。士兵們羞愧難當，甚至有人跪下了，場上響起一片哭聲：「統帥，給我們一次機會吧！我們要立功贖罪，我們要雪恥！」

拿破崙這時才神采飛揚，振臂高呼：「對！早該這樣了。這才是好士兵！這才像拿破崙手下的勇士！這才是戰無不勝的英雄！」

其後，惡戰一場接一場，這兩團士兵總是驍勇異常，重創敵軍，屢建功勳。

終於，有一天，這兩個團主動聚集起來，激動地向拿破崙齊聲高喊：「統帥，我們把一切污點從團旗上洗刷乾淨了嗎？」

拿破崙似乎被這激昂的場面陶醉了，他激動得不能自己，竟舉起雙臂高呼：「你們不但洗刷淨了污點，還為法蘭西爭取了榮譽。勇士們，法國人民會永遠記住你們！」

「噺——噺——噺——」士兵們的歡叫聲響徹雲霄。

❖ 樹立一流的企業形象

愛迪達公司十分注重廣告宣傳。為了樹立一流的企業形象，公司高層千方百計，不惜巨金，甚至使用激將法。

一九三六年柏林奧運會舉行期間，愛迪達公司剛剛發明了一種短跑運動員用的釘子鞋。公司預料美國黑人短跑名將歐文斯極有希望奪取金牌，便企圖讓歐文斯穿上他們的釘子鞋。但歐文斯不接受。愛迪達不灰心，做出承諾：「你穿上這雙跑鞋，若不能得第一，我們賠償你參賽的一切費用，並出巨資聘請你擔任本公司的形象大使。」

面對重金，歐文斯終於認可。結果，歐文斯穿著愛迪達的跑鞋，一連奪得四枚金牌。這樣一來，愛迪達的新跑鞋旋即掀起了一連串世界性的暢銷高潮。

一九八四年，愛迪達公司又用同樣的激將法，贈送世界著名網球明星蘭頓50萬美元巨款，作為他穿著「愛迪達」網球鞋參加各種比賽的報酬。

他們把商品的3～6%拿出來饋贈給各國的著名運動員和實力強勁的隊伍使用。

在美國加利福尼亞州舉行的世界足球明星義演，包括阿根廷巨星馬拉杜納等名將在內，場上22名運動員，全部身著愛迪達運動衣進行角逐，在世界各國體育愛好者眼中留下深刻的印象。

一九八五年，世界曲棍球A、B兩組全體參賽人員都站在愛迪達的三葉旗下。

以上諸例，無疑是最好不過的廣告。這些廣告的支出，絕不是毫無價值的浪費，它為愛迪達公司帶來更大的經濟效益，更響亮的名氣，更興隆的生意。

儘管愛迪達公司已取得了如此多的成就，但公司上下並未因此滿足。他們時刻未放鬆與彪馬公司、耐吉、美洲虎公司、義大利的柏仙奴和日本的虎牌公司之間的競爭。他們的目標是逐步佔領中、美、日三個重要市場，總產值突破40億馬克。

為此，他們首先改組了經營部，發揮以利誘人的激將作用，使年富力強的中青年紛紛加入經銷第一線。此外，還不斷變革陳舊的經營方式，開發新品種，向與運動有關的康復、消遣、旅遊及日用化妝品等領域挺進，為其後公司的發展開拓一條全新的道路。

❖ 先佔後謀，奪風水寶地

系山經營高爾夫球場，對選址很有講究。他知道，只要球場位置好，地形條件好，顧客就多，容易獲利。但擁有這類土地的地主很難打交道，收購費也高。比上述條件差的土地，雖容易收購，且收購費用低，但能吸引的顧客少，經營不易獲利。

一次，許多人看中了一塊地。系山也是其中之一。這塊地無論位置還是地形條件，都可說是上乘。但它的價格高得嚇人，市價約2億日元。

系山決心以更低的價格將這塊土地買到手。他先放出風聲，聲稱他對這塊地十分滿意，並揚言將不惜一切代價買下它。很快，這塊地的地主派其經紀人找上門來。此人一見系山，就認定他是個不懂行情的凱子，存心好好敲一竹槓，開口便報價5億日元。

系山一聽，連眼睛也沒有眨一下，立刻就說，「啊！這麼便宜，我要定了！」

那經紀人簡直欣喜若狂，回去後立即和地主簽訂了代理契約，並把系山的情況繪聲繪色地描述了一番。

想賣出大價錢的地主當然高興，覺得碰上這麼個冤大頭，可以大佔便宜，就把其他有意願地的人一概回絕。

此後，經紀人多次上門找系山簽約，但系山要嘛不見蹤影，要嘛藉口拖延。一連九次，經紀人再也沉不住氣了，只得攤牌，要求系山購買。

系山知道火候到了，便歷數那塊地的種種缺點，顯得十分在行。他說，那塊地根本不值5億日元。接下來，雙方討價還價。那經紀人擋不住系山凌厲的攻勢，只好步步退卻，最後亮出底價2億日元。

但系山並不罷休，繼續進逼：「如果市價是2億日元，我就出2億日元，我又何必費那麼多功夫，讓別人嘲笑我不懂行？」

經紀人黔驢技窮，只好去找地主如實稟告。地主一聽，大傷腦筋。當初許多人想買這塊土地，他已把他們通通打發。如果現在系山不買，重新找顧客，談何容易。再去找原來的顧客，一來會被他們譏笑，二來會被大殺其價，說不定結局更慘。

無可奈何之下，地主只得說：「既然如此，就請他開個價吧！」

最後，系山計謀得逞，他以1.5億日元的價格和分期付款的條件，得到這片地形絕佳的土地。

反間計

釋義

「反間計」是用間的一種形式。《孫子兵法‧用間篇》將用間分為5種：一為「因間」；二為「內間」；三為「反間」；四為「死間」；五為「生間」。

其中以反間最為巧妙和高明。「反間」意指收買、利用敵方派來的間諜，使其為我方效力、服務。其方法有兩種：一是用金錢、美女收買敵間，使之成為雙重間諜，為我方效力。二是將計就計，發現敵間後，並不將其逮捕，也不加收買，而是故意製造假情報，讓敵間送回去，使敵方指揮官誤判，做出錯誤的指揮，最終導致失敗。

反間計的關鍵是不能露出半點破綻，被敵方識破。

謀略典故

這個智謀見於《三國演義》四十五回『三江口曹操折兵，群英會蔣幹中計』。

講的是：曹操為了掃平江東，在佔領荊州之後，用降將蔡瑁和張允訓練水軍。江東孫氏集團的周瑜為破曹操水軍，使用反間計，蒙騙蔣幹，使曹操誤殺了為曹軍誠心訓練水軍的蔡瑁和張允，最終導致曹軍大敗。

典故名篇

❖ 英人截取情報施間計

第一次世界大戰進行到第三個年頭，協約國和同盟國已廝殺得精疲力盡，卻仍處於勢均力敵的狀態，難以預料鹿死誰手。至此時為止，美國一直保持中立，且與交戰雙方都大做軍火買賣，大發戰爭橫財。交戰雙方都希望美國幫助自己。但是，美國人卻只想坐山觀虎鬥，獨享漁翁之利，遲遲不願參戰。

一九一七年，一個偶然的發現，使英國人拉攏到美國出兵相助。當時英國人已暗中竊取了德國人的密碼，能夠破譯所截獲的德軍電報。有一次，英國情報機關破譯了著名的「齊默爾曼電報」。

電報內容清楚地表明：德國不僅打算無限制地進攻所有協約國和中立國的船隻，還想策動墨西哥參戰，和德國站在一邊。這一行動是對美國所宣稱的「美洲大陸中立化」政策的挑戰，而這個政策又是迄今為止，美國對外政策的基礎。

為了掩蓋已破譯德軍密碼一事，英國人先把這份電報和其它類似的電報內容告知美國駐倫敦大使館的愛德華·貝爾。貝爾起先很懷疑這份情報的可靠性，認為它要嘛是德國人搞的騙局，要嘛是協約國情報機構偽造出來。經過英國海軍情報處處長霍爾反覆解釋，他才相信，並上報美國駐英大使。美國大使佩奇博士是堅定的親協約國分子，對此消息十分重視，立即敦促英國外交部把電報全文遞交美國總統。電報很快就轉到美國總統威爾遜手中，不久又公布於眾。

這情報使美國大為震動，公眾輿論立刻轉向協約國一邊。威爾遜總統就此對國會發表了講話。他說，德國政府此舉「使我們終於認識到，他們對我們毫無真正的友誼可言。他們竟然打算在他們認為合適的時候，破壞我們希望維護的和平與安全。」

幾天後，威爾遜總統簽署了宣戰文告。

離間之術，在政治、軍事、經濟等領域被廣泛使用。它通常是利用敵營內部的矛盾，使其相互猜忌，形成內耗。

上述例子中，美國是協約國和同盟國都極力爭取的對象。他同情或參加哪一方，對戰爭的勝負有著決定性的影響。正是考慮到美國立場的重要性，英國人利用截獲的電文，向美國人曉以利害，引起美國輿論對德國的憤恨，轉而同情協約國，使美國終於站到協約國一邊。這可以說是一次成功的離間計。

❖ 古爾德設計賺西聯公司

美國內戰期間，西聯電報公司在美國處於壟斷地位，其總經理是詭計多端的老范德比。素有魔鬼天才之稱的杰伊·古爾德早就看上了西聯公司，只因老范德比不好對付，只好按兵不動。老范德比死後，其子威廉·范德比接班。

古爾德看到時機已到，想出了一著妙棋。

於是，他先花100萬美元，開了一條新電報線路，成立了太平大西洋電報公司。

威廉·范德比意識到古爾德的威脅，立即派人與他談判。經過討價還價，范德比以500萬美元買下太平大西洋公司。太平大西洋公司的設備及人馬全都轉入西聯電報公司。而且，由於知識與技術上的原因，太平大西洋公司的貝克特還當上了西聯的總工程師。威廉·范德比十分得意，認為自己不僅擴大了實力，還引進了一員虎將。

過了一些時候，愛迪生發明了四重發報機，比原來的電報，效率提高了一倍以上。西聯公司派艾克特與愛迪生談判購買這種電報的專利事宜。臨行前，范德比叮囑艾克特，要用低於5萬美元的價格收買愛迪生的專利。范德比自以為西聯是一家壟斷性公司，愛迪生別無它擇，他一定穩操勝券。

然而，艾克特是古爾德預先設下的內線。他一邊與愛迪生談判，一邊把談判的進展通知了古爾德。

在談判的第一天夜間10點，古爾德與艾克特一同驅車趕到愛迪生家，把愛迪生請上馬車，然後直奔古爾德公館而去。

一到古爾德家，艾克特就率先開口：「我今天上午跟你談判時，是代表西聯，現在我代表的是剛成立的美聯電報公司。我與古爾德先生願意出10萬美元買您的專利，而且請您出任本公司的總工程師。薪金方面好說。」

愛迪生是一個科學家，不懂生意經，他覺得這個條件比西聯公司所開出的好多了，立刻應諾下來。

古爾德在撤走了西聯總工程師和掌握愛迪生這張王牌的形勢下，要挾西聯公司。這時，威廉・范德比才大呼上當，幾乎氣死。然而，他已束手無策，只好同意兩家公司合併，由古爾德任總經理。

古爾德把剛成立的太平大西洋公司賣給威廉，並非投降，其目的是在西聯公司裡面安插自己的人馬，從內部搞垮范德比。他一夜之間奪得勝利，是由於能抓住時機，利用了愛迪生這張王牌。可以想見，西聯公司如果不答應古爾德的條件，肯定會走向破產。

❖ 震驚全球的「埃姆斯案」

一九九四年2月23日，美國聯邦調查局特工閃電般包圍了阿耿頓市郊的一座豪華別墅。當52歲的埃姆斯提著皮箱從屋內走出來時，特工們毫不客氣地給他戴上了手銬。

埃姆斯從一九六二年開始，就在美國中央情報局工作。自一九八五年起，他被蘇聯KGB收買，從此成了雙面間諜。

從一九八五年開始，至少有10名美國中央情報局人員在海外執行特別任務時不明不白地消失了。還有一些在蘇聯執行任務的美國間諜突然被蘇聯政府祕密處死。有一個名叫霍華德的蘇聯間諜長期潛伏於美國，給蘇聯提供了大量情報。當中央情報局對霍華德展開祕密調查時，霍華德突然遠走高飛，幾天後便出現在莫斯科。

一段很長的時期，中央情報局對這些情況始終迷惑不解。其實，上述離奇的事件都是埃姆斯的「傑作」。

埃姆斯是在一次測謊試驗中露出馬腳。後來，中央情報局又在他家安上竊聽裝置，這才搞清楚他裡通外國的犯罪事實。埃姆斯也捕捉到了風聲，正想逃往莫斯科。就在他出逃的時刻，被聯邦調查局特工擒獲了。

這一特大醜聞曝光後，美國朝野大驚。柯林頓總統勒令對此事進行全面調查。蘇聯收買美國間諜為己所用，這齣反間計的確計高一籌。美國中央情報局專門算計別人，這一回卻讓人家給將了一軍。

草船借箭

釋義

「草船借箭」是《三國演義》中諸葛亮所施的經典謀略，被後來的軍事家、政治家和商家普遍應用，其效果甚佳。其中，借是關鍵。

在我們周圍，有許多此計的經典範例值得我們借鑒和吸收。尤其是當今的商家，更應該攝取此計之精華，運用到每日征戰的商場之中。

謀略典故

這個智謀見於《三國演義》四十六回『用奇謀孔明借箭，獻密計黃蓋受刑』。

講的是：諸葛亮在推動孫劉聯盟的建立和運籌對曹作戰的方略中，表現出遠見卓識和過人的才智，使江東的周瑜妒火上升，必欲置諸葛亮於死地，故而設下圈套。諸葛亮通天文，識地理，知奇門，曉陰陽，用草船向曹軍水軍借得周瑜派令所要的十萬支箭。

典故名篇

❖諸葛亮草船借箭

「既生瑜，何生亮」周瑜為解除諸葛亮對自己的威脅，設下欲置諸葛亮於死地的圈套。

他的如意算盤是：以對曹軍作戰急需為名，委託諸葛亮在10日內督造10萬支箭，卻又吩咐工匠故意怠工拖延，並在物料方面給諸葛亮出難題，設置障礙，使諸葛亮不能按期交差。然後，他即可名正言順地除掉諸葛亮。

圈套布置好的第二天，周瑜集眾將於帳下，並請諸葛亮一起議事。待他提出要諸葛亮在10日內趕製10萬支箭的要求，諸葛亮卻出人意料地說：「操軍即日將至，若候10日，必誤大事。」他表示：只須三天時間，就可辦完覆命。

周瑜一聽大喜，當即與諸葛亮立下軍令狀。

在周瑜看來，諸葛亮無論如何也不可能在三天內造出10萬支箭。因此，諸葛亮必死無疑。

諸葛亮告辭以後，周瑜立即要魯肅到諸葛亮處查看動靜，明是來探望，暗地裡卻是來打探虛實。

諸葛亮一見魯肅，就說：「三日內如何能造出10萬支箭？還望子敬救我！」

忠厚的魯肅回答：「你自取其禍，讓我如何救你？」

諸葛亮立刻提出要求：「只望你借給20隻船，每船配置30名軍卒，船隻全用青布為幔，各束草把千餘個，分別樹在船的兩舷。這一切，我自有妙用，到第三天包管有10萬支箭。但有一個請求，就是你千萬不能讓周瑜知道。如果他知道了，必定從中作梗，我的計畫就很難實現了。」

魯肅答應諸葛亮的要求，見到周瑜，果然不談借船之事，只說諸葛亮並未準備造箭用的竹、翎毛、膠漆等物。周瑜聽罷，大惑不解。

諸葛亮向魯肅借得船隻、兵卒以後，按計畫安排停當。可是，一連兩天，他卻毫無動靜。直到第三天夜裡四更時分，他才祕密地將魯肅請到船上，說是要去取箭。

魯肅不解相詢：「到何處去取？」

諸葛亮回答：「子敬不用問，前去便知。」

魯肅被弄得莫名其妙，只得陪著他去看個究竟。

當夜，浩浩江面霧氣霏霏，漆黑一片。諸葛亮命兵卒用長索將20隻船連在一起，起錨向北岸曹軍大營進發。時至五更，船隊已接近曹操水寨。這時，諸葛亮又命士卒將船隻頭西尾東，一字排開，橫列於曹軍寨前。然後，他下令擂鼓吶喊，故意製造出一種進兵的聲勢。

魯肅見狀，大驚失色。

諸葛亮安然道：「我料定，在這濃霧低垂的夜裡，曹操決不敢貿然出戰。你我盡可放心飲酒取樂。等到大霧散盡，我們便回。」

曹操聞報，果然擔心重霧迷江，遭到埋伏，不肯輕易出戰。他急調旱寨的弓弩手六千人趕到江邊，會同水軍射手，共約一萬餘人，一齊向江中射箭，企圖以此阻止擊鼓叫陣的「孫劉聯軍」。一時間，箭如飛蝗，紛紛射在江心船上的草把和布幔之上。

過了一段時間，諸葛亮從容地命令船隊調轉方向，頭東尾西，靠近水寨受箭，並讓士卒加勁地擂鼓吶喊。

等到日出霧散，船上的全部草把密密麻麻，排滿了箭枝。此時，諸葛亮才下令船隊調頭返回。他還命令所有士卒齊聲大喊：「謝謝曹丞相賜箭！」

待曹操得知實情，諸葛亮的取箭船隊已經離去20餘里。曹軍追之不及，曹操為此懊悔不已。

船隊返營，共得箭10餘萬支。

魯肅目睹其事，稱諸葛亮為「神人」。

諸葛亮對魯肅笑言：「我不僅通天文，識地理，也知奇門，曉陰陽，更擅長行軍作戰中的布陣和兵勢，三天前已料定必有大霧可以利用。我的性命繫之於天，周公瑾豈能害我！」

待周瑜得知這一切，大驚失色，自嘆不如。

❖ 洛克菲勒負債辦企業

約翰・洛克菲勒是「洛克菲勒王朝」的創建者，也是全球第一位億萬富翁，是美國企業界的典範。

一八五五年起，洛克菲勒中學畢業，在休伊特・塔特爾商行找到一份工作。到了一八五八年，他已掙到年薪六百美元。但他知道自己對這家公司的貢獻遠不止於此，因而要求加薪。這一要求被拒絕了。他一氣之下，找到莫里斯・克拉克，兩人決定合辦企業。

洛克菲勒當時僅有八百美元，於是向父親借到一千美元。此後，為了擴大自己初創的企業，他只好再向父親借貸，借錢的利息是10%。在第一個年頭，他們的代理商號經銷了45萬美元的貨物，從中賺取四千美元，第二年盈利上升到1.7萬美元。

一八六三年，莫里斯・克拉克的一個朋友塞繆爾・安德魯斯加入克拉克・洛克菲勒商號，並建議經營煉油業。這一建議得到克拉克與洛克菲勒的一致同意。

但是，一八六五年，這家頗稱興旺發達的公司由於合夥人意見上的分歧而分裂了。洛克菲勒對於克拉克在擴大業務方面所表現的畏畏縮縮的態度愈來愈惱火。這時商行已負債10萬美元，而洛克菲勒還想進一步擴大企業。雙方僵持不下，於是大家同意將企業出售給出價最高的人。

拍賣在2月2日進行。洛克菲勒代表安德魯斯和本人為一方，克拉克為另一方。克拉克一開始喊價五百美元，洛克菲勒加到一千美元。喊價扶搖直上，升到5萬美元，又升到6萬美元。最後，莫里斯·克拉克狠下心說：「7.2萬美元。」洛克菲勒立即接口：「7.25萬美元。」克拉克有氣無力地攤開雙手：「這生意歸你了。」

洛克菲勒當時自然沒有這麼多錢，只能向銀行借出這筆款項，交給克拉克。

後來，在和一位友人敘舊時，洛克菲勒說：「那一天是我一生中最重要的一天，決定了我未來事業的發展。」

自身的經濟實力不足，又要求得發展，有時就不得不負債經營，借得錢來，組織生產，以求賺回更多的錢，壯大自己的實力。洛克菲勒從開創小商行到買下一家小公司，無一不是負債經營。然而，他成功了。由此足見其過人的膽識與智慧。

❖ 盧俊雄借雞下蛋巧賺錢

盧俊雄，華隆集團發展公司總裁，廣東人，大學畢業，出生於工程師家庭。他十歲時便背著家人，帶著十多元買來的外國郵票到武漢闖蕩。上大學時，他一邊上學，一邊做郵票生意，並創辦了《華南郵報》。大學畢業後，他開辦華隆郵票經營部。開業初年，他就進帳一百萬元。一九九一年底，他到東南亞考察，大開眼界。回到廣州，他投資房地產，建了城市百貨中心、東方車行等，開展招租商場業務。

近兩年來，他以巨額投資開發住宅區的深水港。現在，估計其個人財產超過2億元。

上大學時，為了做郵票生意，他通過《集郵雜誌》和郵票公司，搜集了全國二千多個集郵愛好者的姓名、地址，用賣賀卡賺的幾千元辦了雙面八開鉛印的《南華郵報》，免費寄給這些人。這張報紙一面是郵市信息，另一面是郵票品種、名稱的目錄。免費寄出一段時間後，那些集郵愛好者開始回函並希望代購某些郵票。賺錢的機會來了。盧俊雄找到一位大郵票供應商，訂了2萬元的郵票，只交付10%的訂金，要求這郵商給他兩個月的時間付清款項。然後他就開始了訂貨，款到發貨的代理業務。

一九八七年1月，他就做了3萬多元的生意。到了一九八九年，《南華郵報》發行5萬多份，亦即他擁有5萬多個客戶，郵票生意的月營業額達30多萬元。他做生意都是「款到發貨」，即都是利用別人的錢賺錢，因此十分穩妥可靠。

由於盧俊雄的影響和信譽，更多的集郵愛好者都願意與他打交道。此後，他承包了某協會的一個門市部，在郵局租了一個信箱，奠定了中國大陸第一郵購商的地位。

一九九一年，由於股市整頓，郵票市場非常興旺，東滬穗等許多大城市的郵價大致上漲了五倍。盧俊雄是這一熱潮中的風雲人物。上海著名的「楊百萬」等股市大戶，在投資郵市的過程中，都與他成為好朋友。

盧俊雄有了錢之後，除繼續他的「郵子屋」、「大龍郵票行」等郵票業務，更進一步涉足百貨貿易、商舖招租、舊樓交易、房地產中介、房地產開發等。在開展這些新業務時，他還是不忘使用他的「老點子」——「借雞生蛋」——用別人的錢賺錢。

一九九一年，他開始做房地產生意的嘗試。當時，他並沒有買房子的實力，卻有點子——買舊房，先與房主商談，付幾千元定金，把房子弄到手；然後在香港報紙上登廣告，找買主；由買主出裝修圖，他代買主裝修並安裝電話。這樣，每平方米只要八百元的舊房，經過裝修後，可以以每平方米二千多元的價格賣出。

盧俊雄的這一做法，買主、賣主都很滿意。因為對買主來說，這樣的房子是按自己的意願裝修，而且價錢也不貴，當然滿意；對賣主來說，在舊房不好出售的情況下，有人幫他以理想的價格賣出，而房錢能及時回收，當然也很滿意。盧俊雄自己更是滿意，因為這樣做，他不需要花多少錢，就可以生意興隆，財源廣進。他再一次感到使用別人的錢賺錢真是一本萬利。

苦肉計

釋義

「苦肉計」是透過自我傷害的形式，蒙蔽並取信於敵方的一種計謀，為間諜活動的一種。必須注意：施展此計若稍有不慎，將導致前功盡棄。實際上，苦肉計是一招險計。自我傷害要有個限度，不然，連性命也保不住。因此，可用可不用時，儘量不用。

在現代商戰中，苦肉計最常見於談判桌上。雖然是老套子，但效果甚佳。

謀略典故

這個智謀開始於《三國演義》第四十六回『用奇謀孔明借箭，獻密計黃蓋受刑』，一直到了四十九回結束『七星壇諸葛祭風，三江口周瑜縱火』。

講的是：孫劉聯合抗曹，為破曹操百萬大軍，諸葛亮借奇門和陰陽手段，喚來東南風。周瑜和黃蓋演出了一場雙簧苦肉計，蒙騙了曹操，施火攻，將曹軍以鐵鏈相連的戰船付諸一炬。最終，孫劉聯軍在赤壁大戰中大勝。

典故名篇

❖ 從垃圾中撿出來的勳章

第二次世界大戰之後，導彈以新式武器之姿，發展迅速。特別是美國，到處建立導彈基地，作為威懾力量，妄圖使各國就範。

戰後，德國分為東西兩個敵對的國家，美國在其控制的西德設有一個祕密導彈庫，裡面貯有兩種新式導彈，對東德極具威脅。所以，東德情報部門千方百計，想獲取這個導彈庫的有關情報。

美軍對這個導彈倉庫保衛極為嚴密，堪稱無隙可入。但智者千慮，必有一失。那些在國外安於享受的美國少爺兵不願做低賤的活計，於是就僱用了一個德國籍的勤雜工人。當然，對他也嚴加防衛，只能在倉庫外工作，不得越雷池一步。而且，美軍選中的是一個呆頭呆腦、相貌奇醜的老年男性。

誰知，這個相貌奇醜的勤雜工卻有個美貌絕倫的女兒，她的倩影很快被美國軍人相中，不久就成為一名軍官的情人。由於女兒的關係，這父親在倉庫基地受人尊敬多了，出入活動也減少了種種限制。

他也確實沒有越軌之行，只是勤勤懇懇地工作，每天把在美軍駐地清理出的垃圾認真地銷毀處理掉，絲毫沒有引起美國軍人的懷疑。

然而，這個勤雜工正是東德情報部門的間諜，他的工作就是從垃圾中清理出有用的情報。他表面上是把垃圾清除掉，實際上卻留下可能有用的文件和資料，將它們悄悄帶回家中，再加清理，把確實有用的部分保存起來，待積累到一定數量，就紮成紙包，由其老婆帶往柏林火車站，交給一個祕密信使，及時傳到東德的情報部門。

美軍導彈軍火庫的垃圾箱簡直是個「聚寶盆」，裡面居然有「北大西洋組織駐歐洲兵力配備」、「北約武器彈藥庫的庫存清單」，「美國在西歐儲備的各種導彈規格和用法」、「駐西歐美軍官兵能力鑑定表」等絕密材料。有一次，這個勤雜工居然還撿到三份某種新式導彈的說明書。

這些材料對東德的情報部門而言，無疑是無價之寶，所以他們頒給那個勤雜工一枚「奇勳」勳章。所以說，這枚勳章就等如從垃圾堆中撿出來的。

❖ 一條腿換一座啤酒廠

這是一場嚴重的交通事故：一輛高級轎車把一個行人的一條腿軋斷了。肇事者是丹麥一家啤酒廠的老闆，受害者是一個遠道而來的日本人。

在送受害者到醫院時，這位丹麥人老闆說：「你異鄉客地，真對不起啊！以後怎麼辦呢？」

日本人說：「等我好了以後，就讓我到你的啤酒廠看門，混碗飯吃吧！」

丹麥老闆一聽他不找麻煩，高興極了，趕緊說：「那你好好養傷，痊癒之後就到我的工廠看門。」

果然，這個日本人養好了傷之後，就當了這家啤酒廠的門衛。

這日本人工作非常認真，對進出工廠的貨物檢查得十分仔細，贏得了全廠高級職員的信任。他對所有職工都非常隨和，有些職工有空經常到門衛室小憩、閒談。

三年後，他攢了一些錢，便辭職回國。丹麥人始終對他從未有過懷疑。

其實，這個日本人是一位大老闆，來丹麥是11當時享譽世界，位居第一的這家工廠的釀酒技術。但當時的啤酒廠保密程度很高，不允許隨便參觀。他在啤酒廠周圍轉了三天，始終不得其門而入。後來，他看到每天早晚都有一部黑色的小轎車進出。一打聽，車上坐的正是這家啤酒廠的老闆。他就趁老闆開車出來，處心積慮地製造了那起交通事故，而後當了工廠的門衛。

三年間，他利用工作之便，想盡一切辦法，終於掌握了這家啤酒廠的原料、設備和技術的詳細情況。

他犧牲了一條腿，換來了世界一流的啤酒釀造技術，回國之後，成功地開設了一座頗具規模的啤酒廠。

❖ 高清愿刻苦打下「統一企業王國」

他沒有坐擁金山的家世、顯赫高深的學歷、豐厚的政治資源，也未拜當局給與特權之賜，甚至在百名富豪排行榜上也找不到他的名字。但是，曾幾何時，他脫穎而出，領先群倫，躍上台灣舞台。他執掌的企業日益崛起，成為台灣企業集團中一匹頻頻先馳得點的黑馬。他就是台灣第一大食品集團——統一企業集團總裁高清愿。

另一位台灣的著名企業家吳修齊曾以「龍非池中物，乘雷欲上天」形容他。

高清愿是台南縣學甲鎮人。小時候家裡很窮，勉強供他念完小學，讓他學會寫「高清愿」三個字。13歲時父親去世，他和母親相依為命。

窮人的孩子早當家，小學畢業後，他就進入一家草鞋廠當學徒。14歲進入吳修齊開設的「新和興布行」當童工。他每天起早睡晚，灑掃店堂，搬運貨物，跑腿打雜……生活的艱辛，使他小小年紀就比別人多一份吃苦耐勞的精神；辛勤勞作之餘，努力學習記帳、驗布、贖賣之類的活計。他機靈聰穎，勤奮好學，勤奮地積累經營之道的基本功夫。此期間，他的恩師吳修齊和作為他經商啟蒙課堂的「新和興布行」，對他的一生都產生了重大的影響。

一九五二年，高清愿從小小「囝仔工」成長為一個有為的青年。他與幾位布行同事和朋友另立門戶，創辦了「德興布行」。雖是小本生意，但由於他經營得法，不久又開設了兩間製衣廠。

三年後，吳修齊建起台南紡織公司，聘請當年的愛徒高清愿出任業務經理。思慮再三，高清愿決定暫時放棄自行創業的念頭，投效「南紡」旗下。

一九六六年，南紡推出與日商合作的多元酯纖維棉，取名「太子龍」。高清愿以在電視上大打廣告的方式進行促銷，廣告中的模特兒是一名師大附中的學生，身著筆挺的「太子龍」面料制服，戴大盤帽。自此，「太子龍」風行一時。當時，全台灣有50%的學生服都穿上這款制服。

這次廣告企劃促銷成功的範例，成為日後統一企業闖江湖的重要法寶。

一九六七年，38歲的高清愿已經積累了24年的工作經驗。這條池中蛟龍，此時蓄勢待發，準備騰空而起了。

這一年，當局解除大宗物資進口禁令，麵粉廠開放民營。高清愿毅然放棄從事多年的布業本行，選擇了完全陌生，還處於萌芽階段的麵粉、飼料業，著手創辦統一企業股份有限公司。

當時很少人認為「統一」能闖出什麼名堂，都不願投資，親友們也無一贊成高清愿的選擇。為此，他只好變賣家產，籌集資金。

高母為了惟一的兒子，跑去找吳修齊（她是吳妻的姨母）幫忙。

看在妻子娘家人的面子和對高清愿多年的了解和信任上，吳修齊勉強答應投資「統一」，並擔任董事長。

另一投資人是後來成為南紡副董事長兼總經理的鄭高輝。早年鄭家開一間小裁縫店，鄭高輝常去和興布行買布，故此與高清愿相當熟。直到鄭家自己開設布行，仍與已是南紡業務經理的高清愿有生意往來。鄭高輝原打算拿出自家資本三千二百萬元的五分之一，即六百四十萬，投資「統一」，後減為三百萬元。

至此，高清愿共籌得資金三千二百萬元，創辦了「統一」這個僻處台南鄉下的小企業。此後，從飼料廠、麵粉廠到生產速食麵、運動飲料，逐漸發展到包括30多家企業，產銷體系完備的企業集團。

現在，「統一」旗下810家超商便利店、684家麵包加盟店，使「統一」的名號和產品遍布台灣大街小巷，成為民眾生活的依靠。統一企業已成為台灣第一大食品集團，並橫跨金融、資訊、房地產等行業，年管業額新台幣759億元。一九八一年躋身台灣十大企業（唯一的食品業）。一九九三年，在台灣百大企業排行榜中名列前8名。近三年，連續獲得台灣《卓越》雜誌舉辦的「台灣地區企業聲望調查」第一名。

「囝仔工」出身，只有小學學歷的高清愿，就是以多方籌措資金的辦法，艱苦奮鬥20多年，創造出這樣一個令人驚訝和羨慕的奇蹟。

美人計

釋義

「美人計」意為：敵方勢力強大，不能強攻或硬取時，使用此計，腐蝕其鬥志，削弱其身體，以達到控制進而取勝他的目的。

古今中外，色情與間諜總是密不可分。尤其是使用現代式的新型手段，更可以使這古老的計謀發揮全新的作用。在商戰中要特別注意這項計謀。常言道：「溫柔鄉即是英雄塚。」有為者不得不慎！

謀略典故

這個智謀見於《三國演義》第五十四回『吳國太佛寺看新郎，劉皇叔洞房續佳偶』和第五十五回『玄德智激孫夫人，孔明二氣周公謹』。

講的是：諸葛亮智破周瑜欲借孫權之妹，達到軟禁劉備的用心，既使劉備迎娶孫夫人，還氣得周瑜口吐鮮血，昏死過去。

典故名篇

❖ 二次大戰中的「月亮女神」

在第二次世界大戰中，有一個美國女子貝蒂・索普加入英國情報機構，其代號為「月亮女神」。

一九三七年，貝蒂被派往波蘭華沙。她棕色秀髮，碧綠大眼，身段窈窕，散發出令人難以抗拒的魅力。她勾引了波蘭外交部長的一位副手，搞到破譯德國密碼的訣竅。

二戰爆發，貝蒂被派到美國華盛頓，在市內喬治敦區的一所房子內準備了一個安樂窩。她先拿一個義大利海軍武官開刀。這武官年紀已不小，卻甘願墮入她布下的情網，向她提供了密碼本。皇家海軍破譯了義大利東地中海海軍的全部信號。一九四一年3月28日，該艦隊在希臘馬塔潘角的外海全軍覆沒。

繼之，英國情報機構又交給她一項艱巨的任務，要她設法獵取法國維琪政府駐華盛頓大使館與歐洲之間定期往來的全部通信。

這位女間諜走進使館。接待她的夏爾・布魯斯，40歲上下，是個美男子。立刻，兩人都被對方吸引住了。在「月亮女神」要求下，夏爾幫她搞到全部通信的抄件，還得到有關該使館一月活動的每日報告。這些情報的價值可說不可估量。

英國情報局胃口越來越大，竟然要求「月亮女神」設法搞到密碼本。然而，這談何容易？大使館內日夜有人守衛，還有很兇的狼狗。

貝蒂與夏爾制訂了一個大膽的方案：兩人佯裝晚上在使館內約會，給了夜班警衛一筆可觀的小費。晚上，他們將撬鎖專家放進密碼室，兩人則脫光衣服，在長沙發上摟抱。值班警衛用手電筒照到他們，不好意思地跑掉了。

就這樣，他們從保險櫃中弄到了密碼，使同盟國掌握到登陸期間維琪海軍的一切計畫和動向。

❖ 名女人與女明星的說服力

70年代後期，香港的經濟已起飛了近十年，個人收入增加，女性勞動人口增多。這個現象為市場推銷人員提供了重要的信息——如何替那些職業婦女解決每個月生理周期帶來的不便，是一個極具潛力的市場。「飄然」衛生棉的生產商決定推出優質的衛生棉用品，爭取市場佔有率。

「飄然」首先在產品品質方面下了一番功夫，做到體積小，方便女性使用和攜帶，吸水性強，減少更換次數，並將衛生棉表面做得柔軟輕順，強調「貼身享受」；隨後又推出了「自粘性」產品，可以粘固在衣物上，非常安全可靠。各種改良，正切合新時代職業女性的需要，「飄然」被塑造成時代女性的寵物。

品質改良以後，宣傳推廣就成了「飄然」走向市場的關鍵。「飄然」決定堂堂正正地宣傳這種在當時被傳統觀念視為禁忌的商品。

為廣告選角時，經過一番深思，廠方最後選中了香港無線電視台所舉辦的第一屆香港小姐選美的冠軍得主孫泳恩。

孫泳恩活躍於商界，曾多次參與主辦地產展覽，給社會大眾留下時代女性和女強人的形象。由她向其他職業婦女姊妹推薦，自然能收到事半功倍的效果。

在晚上的黃金時間，電視片的一集剛剛播映完畢，螢光幕上出現一張香港人極為熟悉的面孔——孫泳恩。她正快步走過斑馬線。突然，一輛汽車從旁駛來。孫小姐瀟灑地伸出左手食指，正像古龍小說中的陸小鳳使出平生絕技靈犀一點般指向駛來的汽車。汽車在孫小姐身旁戛然而止。她飄然步過斑馬線。接著，電視機裡傳來旁述，介紹一種嶄新的產品，可以令女性在「不方便」的日子如常活躍，神采飛揚。這種新產品便是體貼女性的「飄然」衛生棉。

這則廣告在當時的香港推出，使得「飄然」衛生棉和第一屆香港小姐同時成為市民茶餘飯後的話題。

「飄然」敢於在當時仍深受傳統影響的香港社會打出旗號，隆重推出衛生棉新產品，以廣告片的可觀性和藝術性，令全香港市民大開眼界。一夜間，「飄然」成了衛生棉的代名詞。雖然播放「飄然」衛生棉廣告令不少坐在電視機前的觀眾感到尷尬，有些女性還可能在子女或弟妹追問「『飄然』衛生棉是做什麼用的？」之下，羞得不知如何是好，但廣告中所陳述的「飄然」衛生棉的優點，尤其是片中孫泳恩所表現的飄然自在，已深深印入她們的腦海，在選購個人衛生棉時，試一試「飄然」便成為一種無可抗拒的誘惑。

在成功地佔有了職業女性這個市場之後，「飄然」又加強了宣傳攻勢，攻入整個女性市場，市場佔有率增加到30%，且獨領風騷十多年。面對眾多競爭對手的挑戰，它始終屹立不倒。

直到美國的「寶潔」在香港推出「護舒寶」，「飄然」的大姐大地位才受到真正的威脅。

「寶潔」是美國一家非常成功的消費日用品製造公司，名列美國五百大公司前列。最初，它以美國本土市場為主。隨著美國經濟增長速度放緩，世界市場對它日益重要。以生產個人衛生用品起家的「寶潔」也希望在香港佔有一席之地。

經粗略估算，香港的適齡女性約一百五十萬人，以每人每月消費20元港幣計算，這個市場的總生意額是三億六千萬元。如能奪取25%的市場佔有率，營業額就是九千萬元。以純利5%計算，一年獲利可高達四千萬元。

如意算盤一經打響，「寶潔」便開始計劃推出自己手上的一張王牌——「護舒寶」，要與「飄然」一決高低。

不過，如果想要成功地推出「護舒寶」，對「寶潔」來說，就要解決好兩大問題：

一、消費者對新產品的心理抗拒，尤其以食品和個人衛生用品為甚。衛生棉是最貼身的個人衛生用品，如何吸引消費者試用新產品便是一個大問題。

二、進入一個牌子平均分散的市場，較進入一個已有壓倒性優勢牌子的市場為易，而「寶潔」正是面對一個已有壓倒性優勢牌子的市場。

針對這兩個問題，「寶潔」實施三大策略：

一、品質改革。「護舒寶」最重要的部分就是最底層的吸水墊，具有強力吸水功能；外面再加兩層乾爽網。把這三層的厚度減至最小，做到吸水力強，更替次數少，外面乾爽柔軟、體積小，使用和攜帶方便等。

二、大規模分派贈品，吸引試用。

三、聘請名人推薦、宣傳。

「護舒寶」是以職業女性為首選對象，所以所選擇的名人，其身分和形象必須切合職業女性的標準。第一輯廣告片由張艾嘉擔任。她是影后，演技出眾，形象富有時代感，亦屬事業型。廣告主題以輕快的調子襯托著現代生活的動感，張艾嘉在輕鬆瀟脫的節奏中帶出產品的優越性能。

這則廣告一播映便引起很大的反響，很多女性都躍躍欲試。

繼張艾嘉之後，寶潔再請另一位巨星張天愛接力。張天愛的父親是蘇里南華僑，活躍於香港商界，並先後出任香港市政局主席及立法局議員。張天愛在幾年前香港小姐競選中因表演芭蕾而一跳成名，繼而進軍影視界，為港人所熟悉。後因故退出，但仍活躍於上流社會的社交場合。這次復出，以獨白的方式為「護舒寶」推介，其名流的身分，更顯措辭誠懇，「護舒寶」優良的品質由此更得到信賴。

兩位明星的推介，使「護舒寶」取得了驕人又驚人的成績，短短兩年，市場佔有率直線上升到22%，直接威脅到大姐大「飄然」的地位。「飄然」借助於孫泳恩發家，十年經營所取得的輝煌成就，已被「寶潔」借助於張艾嘉、張天愛所推介的產品瓜分了一大部分。

❖現代「姜太公」

一九五九年8月，美國蘭德興業公司的塑料工程師韋伯斯特奉命到蘇聯籌備一個展覽會。展覽會期間，他表現出色，受到公司董事長的稱讚。然而，在展覽會結束之後，韋伯斯特卻寫信給公司老闆，宣布他決定留居莫斯科。

原來，當時蘇聯在列寧格勒新建了一座大型塑料廠，急需一個具有高技術水準的塑料工程師操盤。蘇聯十分缺乏這方面的人才，便將目光投向美國人韋伯斯特。

為了辦成此事，KGB又使出了其最擅長的把戲——「美人計」。他們派出女間諜維娜，由她偽裝成女招待，在展覽會附近一家餐館裡當「誘餌」。韋伯斯特常到這家餐館吃飯，維娜很快就把他引上了「鉤」。最後，韋伯斯特為了和年輕漂亮的維娜結婚，拋棄了國內的妻兒，決定留居蘇聯。

然而，與「做一筆大生意」這個誘餌相比，「美人」不過是小巫見大巫罷了。

蘇聯人常常要求想和他們合作的美國公司提供技術方面的詳盡資料，或讓蘇聯「專家」進行「考察」，理由是他們需要了解美國公司的技術是否先進，然後才能談生意。可是，一旦他們取得足夠的技術資料，就隨便找個藉口，迫使交易告吹，或頂多只做一筆小買賣敷衍了事。

有些美國公司為了在蘇聯市場取得一個立足點，就不計後果地滿足蘇聯方面的要求，結果是白白向蘇聯提供寶貴的技術資料，生意卻經常是一場空。

利而誘之

釋義

「利而誘之」意為：在對敵鬥爭中，用小利去引誘，調動敵人，以贏得戰爭的勝利。從春秋末期到現代商戰，這一招常常成為取得勝利的法寶。尤其是現代商戰，以小利見大利，以小利潤贏得大利潤的經典例子，時常在我們周圍發生。商家往往用價格這個槓桿推動自家產品的發展。

在市場上，應用此計，最常見的策略應是以贈品推銷產品。

謀略典故

這個智謀見於《三國演義》五十八回『馬孟起興兵雪恨，曹阿瞞割鬚棄袍』。

講的是：曹操被馬超所敗，許褚拼死相救。危難之時，渭南縣令丁斐放開寨內牛馬。曹操趁亂，終得以逃脫性命。

典故名篇

❖ 三億美元的誘惑

20世紀70年代初，前蘇聯政府向美國有關方面提出一個意向——它準備出資三億美元，引進先進技術，在蘇聯國內製造100架巨型客機。如果美國不感興趣，蘇聯政府只好去找其他國家合作。

當時美國的飛機製造業正苦於不景氣，各大飛機廠商都想把這筆大生意搶到手。此時，蘇方禮貌性地提出一個條件：為了比較、鑑別，要事先派人員到廠家進行參訪。

美國波音飛機公司為此專門召開了一次會議。一部分人認為，蘇聯人合作是假，參訪是真。一旦讓其觀察到本廠高科技的先進技術，他們就會背信棄義。答應他們的要求，無異於「開門揖盜」。另一部分人卻認為，蘇聯要引進先進技術，當然需要進行考察；這個條件無可厚非。

經過反覆討論，他們擬出一個「兩全其美」的「妙計」——在蘇方代表參訪時，對關鍵性技術留一手——將機身加寬的特殊材料加以保密。這樣一來，就不怕蘇聯人耍什麼陰謀詭計了。

蘇方代表團依約來到波音公司考察。他們一個個溫文爾雅，並無可疑的舉動，只是認真地觀察，細心地琢磨。當涉及到加寬機身的特殊材料時，波音公司的人員就緘口不談，或是「顧左右而言他」。蘇聯人也很知趣，並不在這個問題上糾纏不休。最後，參訪之行圓滿結束，蘇聯代表團答應回國之後，立即向政府提出正式報告。波音公司認為三億美元的巨額生意已是囊中之物。

誰知，蘇方代表團回國之後，如同飛去的黃鶴，從此杳無音訊。波音公司望眼欲穿，沒能等到蘇聯引進他們先進技術的合同書，卻從報刊上看到一則訊息——蘇聯人準備自己製造巨型客機。

震驚之餘，波音公司仔細回顧了那次蘇方代表團來廠參訪的全過程，終於憶起那些代表所穿的鞋子有些異樣。

問題會不會出在鞋子上？

是的，問題就出在鞋子上。

蘇方代表團人員所穿的鞋子，鞋底裝有磁鐵。他們在參訪時，將加寬機身的特殊金屬材料的粉末吸入鞋底，回國之後化驗了這些粉末，找到了生產這種特殊材料的奧祕。

原來，蘇聯的所謂引進技術本是「虛晃一槍」，實際上是以三億美元的生意作為誘餌，騙得波音公司上鉤。

❖ 懷特的十張郵票

查理斯·懷特是紐約某大銀行的工作人員。一天，銀行經理把他叫去，命令他祕密對一家大公司做信用調查。懷特正巧認識這家公司的董事長。

懷特來到這家大公司。剛進門，就聽那董事長的女祕書對董事長說：「很抱歉！今天沒有郵票。」

寒暄中，懷特得悉這董事長12歲的兒子喜愛集郵。在談及這家公司的情況時，董事長卻常常轉移話題，不願回答。懷特見狀，只好知趣地離開了。

回到家中，懷特十分喪氣。突然，他想起剛進門時那位女祕書向董事長說的話，靈機一動，生出一個念頭。

第二天上午，懷特又來到這家公司的董事長辦公室，對這位董事長說：「董事長，我是專程給令公子送來郵票的。這是最近我所收集的10張外國郵票。」

董事長接過郵票，大喜過望，如得稀世珍寶，連聲說：「謝謝你，謝謝你！我很高興，比我當上國會議員還高興！我兒子一定比我還高興！」

接下來，兩人大談集郵的事。這董事長讓懷特看自己兒子的照片。他說得滔滔不絕，不等懷特要求，就把公司的情況詳細道來，還把下屬召來詢問，打電話了解詳細數據。就這樣，懷特以區區10張郵票，圓滿地完成了任務。

❖ 可口可樂「隨軍登陸」

二次大戰期間，由於可口可樂公司老闆伍道夫巧妙地攻破美國國防部的「心理防線」，從而使因戰爭而陷入困境的可口可樂，不但起死回生，更是打下了飲料王牌的地位。

戰爭與飲料，似乎風馬牛不相及。但善於經營的伍道夫從一位正在菲律賓服役的同學口裡得到啟發：在南洋那麼熱的地方，如果能喝到可口可樂，那真是舒服極了！他尋思：如果前方都能喝到可口可樂，那不是可口可樂很好的出路嗎？而且，讓當地老百姓接觸到可口可樂，不是間接做了廣告嗎？

興奮之餘，伍道夫立即趕往美國國防部，將自己的想法和盤托出。不料五角大廈的官員根本不把這種想法當回事，甚至譏諷他是「痴人說夢」。

伍道夫並沒有因此退縮。他想盡辦法，意圖讓國防部認同可口可樂對前方將士的重要。首先，他組織了三人小組，寫出一份關於可口可樂對前方將士的重要性及密切關係的宣傳資料，經他修改之後，作成一份圖文並茂的精美小冊子——《最艱苦戰鬥任務之完成與休息的重要性》。

冊子中特別強調：戰士在戰場上，有必要得到生活的調劑。如果一個完成任務的戰士，在精疲力竭、口乾舌燥之際，能喝上一瓶可口可樂，該是多麼愜意呀！

為了把可口可樂推銷到前方，他還特別召開一次大型記者招待會，邀請國會議員、戰士家屬和國防部官員參與。會上，他不斷強調：可口可樂是軍需品。為了對海外浴血奮戰的兄弟表達誠摯的關懷，為了贏得最後的勝利，它想貢獻一份力量。

這番話贏得了戰士家屬的支持。一位老婦人緊緊地抱著伍道夫，說：「你的構想太偉大了！你的愛心必能得到上帝的支持！」

在輿論的推動，戰士家屬和國會議員的促請下，國防部官員終於同意幫助。

不僅如此，五角大廈乾脆好人做到底，宣布不僅把可口可樂列為前方將士的必需品，還支持伍道夫在前方設廠，生產可口可樂，以便供應戰士的需要。但是，戰時受炮火影響很大，設廠投資，冒險性太大。所以，建廠所需的龐大投資自然由國防部負責。

伍道夫就以這種頑強的毅力，喚取公眾輿論的支持，謀取到一大筆擴大再生產的資金，並從此打開可口可樂出口的光明大道。

當供應前方可口可樂的消息傳出後，戰士們反應強烈。雖然這使國防部無形中增加了一大筆支出，但考慮到前線將士的渴望和士氣，國防部索性宣布：不論在世界上的任何一個角落，凡是有美國軍隊駐紮的地方，務必使每一個戰士都能以5美分的價格喝到一瓶可口可樂。這一供應計畫所需的一切費用和設備，國防部將全力給予支持。

自此以後，可口可樂的銷路迅速發展到遠征軍駐地，海外市場隨之迅猛發展。特別是東南亞炎熱地區，可口可樂更成了人人喜愛的舶來品飲料。

大戰結束後，可口可樂隨著美軍登陸日本，又掀起一場可口可樂熱，使整個日本飲料界大為震驚。

「機遇」與「危機」是一對孿生兄弟，機遇中往往隱含著危機，危機中又往往孕育著機遇。無論是戰場還是商場，莫不如此。所以，有勇有謀者，始終立於不敗之地。

圍魏救趙

釋義

「圍魏救趙」之計出自戰國時代的孫臏，意為：面對兇猛的強敵，為了避免一味硬拼，採取分流的方法，或繞到敵方背後進行打擊，或擊其薄弱環節和部位。

此計關鍵在於抓住敵方要害和最薄弱的環節，以分散其勢。也就是說，必須避上就下、避實擊虛、避強攻弱、避銳擊衰。此計最忌諱的是就事論事，頭痛治頭，腳痛治腳。若能領悟其精髓所在，軍事家、政治家和商家都可從中受益。

謀略典故

這個智謀見於《三國演義》五十八回『馬孟起興兵雪恨，曹阿瞞割鬚棄袍』。

講的是：曹操得知周瑜病逝，當即圖謀兵犯江東。為解後顧之憂，他藉故殺了馬騰父子三人。之後，他認為後患已除，大舉興兵江東。江東向蜀漢求援。諸葛亮獻計，劉備寄書西涼，由韓遂勸說，馬超和韓遂起兵十萬殺向長安。最終，曹操放棄南下兵犯江東，專心對付關中的馬超和韓遂。諸葛亮一封書信，輕而易舉地退兵30萬，可謂「圍魏救趙」的佳例。

典故名篇

❖ 邱吉爾聯蘇抗德

兩次世界大戰之間，國際關係發生了深刻的變化。蘇聯以社會主義國家之姿出現於歐洲政治舞台，在資本主義世界引發一片恐慌。當時，德國復仇主義日益升起，不斷威脅到歐洲的和平。英、法等國為了阻止蘇聯布爾什維克主義的「擴張」，竟一再對德國的侵略行為姑息、縱容。蘇聯建議建立歐洲集體安全體系，以挫敗德國的侵略、擴張。但英國頑固地進行破壞，始終不渝地想把德國的擴張矛頭引向蘇聯。這一政策的頂峰是慕尼黑協定，其目的是將禍水東引，慫恿德國去攻打蘇聯。但是，到頭來，德國並沒有先進攻蘇聯，而是向西歐各國開刀。綏靖政策宣告破產，西歐輿論大嘩，執行綏靖政策的人在國內外都受到嚴厲的譴責。

邱吉爾正是在此危急的形勢下，受命組建了英國的戰時內閣。

從本質上講，邱吉爾是一個極其反共的資產階級政治家，從蘇維埃政權在俄國誕生之日起，他就極力主張進行公開的武裝干涉，企圖將新生的社會主義國家扼殺於搖籃之中。遏制共產主義的想法一直在他的頭腦中占著主導地位而且終其一生。但他又是個很講現實的人。從臨危受命之時開始，他就認識到，當時的更大威脅不是蘇聯，而是德國。如果希特勒贏得戰爭，不僅英國要蒙受史無前例的恥辱，歐洲的自由和民主也將不復存在，甚至整個世界的和平與安全也都會受到嚴重的威脅。因此，這是一場壓倒一切的戰爭，必須首先打垮希特勒，其餘的事以後再說。與希特勒相比，蘇聯的危險已經退居到次要地位。為了能夠早日打敗希特勒，應該與蘇聯結成同盟。

基於這種認識，邱吉爾做出了抉擇。一九四一年6月，希特勒進攻蘇聯的消息傳來，邱吉爾發表了歷史性的演說。演說中，他表示，英國將堅不定移地與蘇聯站在一起，共同抗德，直到徹底打敗希特勒為止。「兩利相衡從其重，兩害相權取其輕。」高明的領導者必須時時全局在胸，善於權衡利弊，趨利避害，或趨小害而避大害。

❖ 冷飲商速解燃眉之急

說來也怪，有一年冬天，美國冰類食品的勢頭非但沒有下降，反而直線上升。因此，很多冰品商以為賺大錢的機會來了，便高速度大批量地生產並囤積冷飲製品。

誰知道，人的口味當真是變幻無窮。冰品商生產出來的冰涼之物，沒能吸引住消費者的心。慘了，門可羅雀。生產得越多，賣出去的卻越少，並且越來越少，從而引發一場各冰品商資金周轉呆滯，調度不靈的危機。

其中一位冰品商更是到了山窮水盡的地步。為了盡快將陳貨脫手，他四處奔走，游說推銷。可到頭來仍然無人問津。在回家的路上，他猛然間看見一張馬戲團的海報，一時靈感大發：推銷商品有望了。望著這張在別人看來沒什麼特別意義的海報，一種成功在望的喜悅之情油然而生，怎麼也按捺不住自己那顆由於興奮、激動而怦怦亂跳的心。找到了，終於找到了實現「柳暗花明又一村」的妙計。

他立即與馬戲團聯繫。在劇場入口處，他贈給每位入場的觀眾熱炒的豌豆仁，讓他們邊看戲邊吃。這自然是一件大快事。看戲的人既飽眼福，又享口福，開心極了！

中場休息時，劇場周圍突然冒出一群賣冰棒、冰淇淋的小孩。觀眾群剛吃完精心炒出的「鹹豌豆」，正感到喉頭乾得直冒火，焦渴難耐，猛然看見冰涼涼、清爽爽的好東西，那還不是老鼠跌到米桶裡——求之不得，紛紛掏腰包購買。

就這樣，一連5天，這位冰品商將其積壓品全部推銷給看馬戲的戲迷了。

混水摸魚

釋義

「混水摸魚」意為：乘敵方內部發生混亂，利用其可借用的力量，乘其不備，達到勝利的目的。摸過魚的人都明白，魚在混水中根本看不清方向，很容易捕捉。所以，摸魚者往往在摸魚前將水攪混。

現代的商業經營活動中，常有不法之徒藉機把水弄混，以達到摸魚的目的。比如說製造混亂，悄悄把「魚」摸去。

謀略典故

這個智謀見於《三國演義》五十八回『馬孟起興兵雪恨，曹阿瞞割鬚棄袍』。

講的是：龐德追隨馬超、韓遂，用混水摸魚的計謀，讓軍士們混入長安城內，從內部下手，內外結合，智取了城固壕深的長安城。

典故名篇

❖ 希特勒的阿登反擊戰

一九四四年秋，第二次世界大戰已接近尾聲，盟軍對德國展開全面反攻。但由於戰線過長，兵力不足，尚需重新調整部署。希特勒抓住這個機會，集中優勢兵力，孤注一擲地向盟軍最薄弱的陣線——阿登地區展開最後反擊。

希特勒看出，依當時的形勢，只守不攻，無異於坐以待斃。他冥思苦想，費盡心機，終於制訂出一個大膽的作戰計畫：集中優勢兵力，出敵不意地發動反攻，突破盟軍的防線，直搗繆斯河；再分兵兩路，直插安特衛普和布魯塞爾，奪取艾森豪威爾的主要供應基地，將盟軍切成兩半，消滅美第一、九集團軍，英第二集團軍和加拿大第一集團軍。他想用這個辦法一舉奪回戰爭主動權，徹底解除德國西部邊境的威脅。

12月15日晚，天特別黑，濃霧籠罩阿登森林地區，大雪覆蓋著群山。在接連幾天的惡劣氣候掩護下，28個師的德軍悄悄進入進攻陣地。美軍第一集團軍的兩個軍防守著阿登戰線。他們共有6個師（僅有一個坦克師），約8萬人。此時，他們正在酣睡中，做夢也想不到德軍的絕對優勢兵力正虎視眈眈，待命出擊。就是在盟軍最高統帥部中，也沒有任何人想到，窮途末路的德軍竟會突然發起兇狠的反撲。

一九四四年12月16日晨，當時針指向6時30分整，密集的德軍大炮突然噴出兇惡的火舌，幾乎所有的美軍陣地都遭到猛烈轟擊。驚恐的美軍官兵慌亂地鑽出睡袋，爬進掩體。電話線早被炸斷，美軍待在掩體裡，根本不知道發生了什麼事。炮擊一停止，數百架德軍探照燈「唰」地放光。美軍還沒反應過來，德軍的坦克履帶已經碾碎了殘存的美軍工事。阿登前線的美軍被打得措手不及，幾乎全線崩潰。

在中線進攻的德軍進展神速。這裡防守的是正在休整補充的美軍和從美國國內剛調來的新兵。12月17日晚，美軍第106師約九千人被德軍包圍，最後被迫全體投降。這是美軍在歐洲戰場上一次最慘痛的失敗。

南線，德軍成功地建起一道壁壘，保護著中線德軍的進攻。還在戰鬥剛打響之時，希特勒就命令黨衛隊分子奧托・斯科爾茲內指揮一個擁有二千人，會講英語的德軍特種旅，身穿美軍制服，乘坐繳獲的美軍坦克和吉普車，偽裝成美軍，潛入盟軍後方。他們切斷交通線，殺死盟軍傳令兵，在交通要衝胡亂指揮美軍運輸；他們還散布美軍司令艾森豪威爾已遭暗殺，德軍已獲大勝的謠言；一些小股部隊越過前線，控制了繆斯河上的橋樑，使德軍裝甲部隊主力順利通過。

由於這些特種兵的破壞，美軍前線情報亂成一團。到12月18日晚，盟軍最高統帥部才搞清敵情，確定這是德軍的一次大規模反攻。

到這時為止，在阿登戰役中，德軍佔盡主動，盟軍付出了慘重的代價。但當盟軍穩住陣腳，組織力量反攻時，希特勒犯了一個致命的錯誤，終使初步取得的戰果化為泡影。當時面對強大的盟軍，德軍只有迅速撤退，才能免遭圍殲。但希特勒聽不進任何有關撤退的建議，繼續下令向前推進。直到一九四五年元月，德軍付出高昂的代價之後，希特勒才不得不下令撤退。

❖ 巧用「第三者」

世界之大，無奇不有。

一天，在美國德克薩斯州的法庭上，一位衣著華麗的婦女氣咻咻地鬧著要跟丈夫離婚。理由是：丈夫有了外遇。

中年婦女憤憤不平地向法官說：「無論白天黑夜，他都要去運動場跟那個『第三者』見面！」

法官問道：「那麼『第三者』是誰？」

「足球！」

法官聞言，啼笑皆非。

「足球不是人啊！除非你控告生產足球的廠家。否則，法庭不會受理這起案子。」

中年婦女聽了，竟然真的向美國年產20萬個足球的宇宙足球廠提出了控告。

更令人驚異的是：宇宙足球廠願意賠償這位中年婦女的「孤獨

費」10萬英鎊！

宇宙足球廠的解釋是：這位太太的控詞為宇宙足球廠做了一次絕妙的廣告，說明宇宙廠生產的足球太有魅力了。

宇宙足球廠的這一「出奇」之舉，使「宇宙足球」成為千家萬戶津津樂道的佳話，產品銷量倍增，令其他同行望塵莫及。

❖靠「租、押、貸」起家的大富豪

「水至清則無魚。」人「至清」、生意活動「至清」，就容易被對手牽制。反之，對手就可能幫助你承擔風險，讓你獲取利益。特別是在創業階段，合理地使用「租、押、貸」等不同的手段籌集資金，對一個白手起家的創業者來說，是必須具備的成功素質。

唐拉德・希爾頓是美國的十大財閥之一，世界聞名的旅館業大王。他以五千美元起家，歷經磨難，終成為舉世聞名，擁有億萬財產的富翁。

一九二三年，希爾頓看中了達拉斯商業區大街轉角地段。當時，這塊地段屬於另一個精明的房地產商人勞德米克。

希爾頓請來建築師進行測算，建造旅館，最起碼需要100萬美元。當時，希爾頓自己口袋中的錢還不到10萬元，那些支持他的人頂多也只能借給他20萬或30萬。這些錢差不多只夠付給勞得米克。

已臨近建造旅館的開工日期。

希爾頓決計擺迷魂陣，用混水摸魚的計謀籌集資金。

他去請教勞德米克的法律顧問林茲雷。然後，他去找勞德米克，一本正經地說：「我買地產，是為了蓋一座大樓開旅館。要蓋房子，我的錢必須全用上。所以，我不想買你的地，只想租下來。」

勞德米克一聽，暴跳如雷，大聲斥責希爾頓搞欺騙。

希爾頓心中當然清楚，但他要「騙得真誠」，讓勞德米克接受他的說詞。等勞德米克稍為平靜下來，他非常「誠懇」地說：「我的租期為90年，分期付款，你保留土地所有權。若不能按期付款，你可以收回你的土地，同時沒收飯店。」

勞德米克考慮了一會，又去找律師林茲雷研討了一番，覺得按希爾頓說的辦法去做，自己也沒吃虧。

於是，雙方以每年3.1萬元的租金談妥。

但這時希爾頓卻又晃了一槍：「我希望擁有以地產作抵押貸款的權利。」

勞德米克很不情願地同意了。

土地使用權有了，希爾頓又去籌措經費。聖路易市國家商業銀行董事長韓敏維答應貸給他5萬元貸款，老友桑頓出資5萬元，承包商借了15萬元，加上他自己的10萬元，共計35萬元。

一九二四年5月，希爾頓主持破土動工典禮。

可是，旅館蓋到一半，錢已經用得精光。

這一次，希爾頓又在勞德米克身上動腦筋。

一天，他一副心急火燎的模樣，衝進勞德米克的辦公室，說了一番工程管理中遇到的困難，請求勞德米克把這幢建築物接收過去，使它得以完工，然後由他租過來經營。勞德米克與林茲雷商量了一下，覺得這樣做未嘗不可。

希爾頓又一次與勞德米克達成協議，勞德米克答應補足工程款，使飯店準時竣工。希爾頓和他簽了年租10萬元的合約。

一九二五年8月4日，「達拉斯希爾頓」旅館落成，舉行隆重的揭幕儀式。希爾頓終於有了以自己的名字命名的旅館。

從此，希爾頓揚起了向旅館大王前進的風帆。

十面埋伏

釋義

「十面埋伏」是軍事家常用的計謀。孔明就很善於運用此計。施行此計，先要熟悉地形，再以聰慧的頭腦、準確的判斷，以及對兵法和後勤補給的熟諳，誘敵深入，然後切斷其退路，布置好伏兵，最後請君入甕，殲滅之。

此計的應用，軍事上的實際戰例不少，政治、經濟的經營也有典範可尋。

謀略典故

這個智謀見於《三國演義》六十四回『孔明定計捉張任，楊阜借兵破馬超』。

講的是：龐統被蜀將張任射殺。孔明聞知，十分震驚，決定親自統兵前往。孔明對雒城的地形相當熟悉，且了解敵情。以此為基礎，他設計陷阱，誘張任前來。在十面埋伏的打擊下，張飛活捉了張任。

張任寧死不奉二主。孔明下令斬殺張任，並保全他的名節，收殮他的屍首，葬在金雁橋旁。

典故名篇

❖ 十面埋伏擒張任

孔明親自統兵前往四川。他派張飛先行。張飛所到之處，蜀兵望風歸順。到達雒城，與劉備會師。劉備、張飛幾次與雒城守將張任交鋒，各有勝敗。

正在這時，孔明已率人馬來到雒城。他詢問雒城的情況。降將吳懿說：「守將張任是蜀郡人，很有膽略，不可輕敵。」孔明決定先捉張任，然後攻取雒城。

雒城東有一座橋叫「金雁橋」。孔明騎馬到橋邊，繞河看了一遍。回到寨中，他立即部署兵馬：「離金雁橋南五、六里，兩岸都是蘆葦叢，可以埋伏。魏延帶領一千名槍手伏在左面，單戳馬上的敵兵；黃忠率一千名刀手伏在右邊，單砍敵兵的坐騎。殺散了敵軍，張任必定會從東面小路逃走。這時張飛你率一千人馬，埋伏在路邊，準備擒捉張任。」

接著，他又令趙雲埋伏在金雁橋北：「等我誘引張任過橋，你就把橋拆除，然後列兵橋北。張任不敢往北走，必向南撤退，進我們的埋伏圈。」

調兵遣將完畢，孔明親自去誘敵。

張任得知孔明前來攻城，忙教張翼等人守城，自己與卓膺分別率領前隊和後隊，出城退敵。孔明帶著一支不整齊的隊伍，過金雁橋與張任對陣。他乘坐四輪車，頭戴綸巾，手搖羽扇，兩邊有一百多名騎兵簇擁著，遠遠地指著張任說：「曹操仗著百萬軍隊，聽到我的名聲，尚且嚇得望風而逃。你是什麼人，敢不投降？」

張任見孔明軍隊不齊整，在馬上冷笑道：「人說諸葛亮用兵如神，原來是有名無實。」說完，把槍一擺，率軍掩殺過來。

孔明丟了四輪車，上馬向橋後退走。張任從背後追趕過來，一直追過金雁橋。正在這時，只聽一陣大喝，劉備從左邊，嚴顏從右邊，一齊衝殺過來。張任知道自己中計，急忙回車，卻見金雁橋已被拆斷。正想朝北退卻，只見趙雲率軍隔岸擺開。於是他不敢北去，直往南繞河逃走。

走了不到幾里，到了蘆薰叢雜的地方。魏延一軍忽然從蘆葦叢中竄出，用長槍亂戳；黃忠一軍伏在蘆葦裡，用長刀只剁馬蹄。張任的騎兵紛紛摔倒被俘。步兵見勢不好，哪敢向前？張任只帶著幾十個騎兵往山路而退，正撞著等候在那裡的張飛。張任想奪路而逃。張飛大喊一聲，眾軍齊上，把他活捉了。卓膺見張任中計，趕忙投降。

張飛押著張任來到劉備帳中。孔明也在劉備身旁坐著。劉備對張任說：「蜀中各將紛紛望風歸附，你為什麼不投降？」

張任怒目而視，喊道：「忠臣怎能事二主？」

劉備說：「你太不識時務了！投降即可免去一死。」

張任冷笑：「今日就是投降了，日後也會變節。你還是快快把我殺了吧！」

劉備聞言，更加不忍殺他，張任破口大罵不停。孔明只好令人將他斬殺，保全他的名節。

劉備見狀感嘆不已，讓人收殮張任的屍首，葬在金雁橋旁，以表彰他的忠誠。

❖ 誠招英才創大業

有目標，才有奮鬥的方向。在事業上有所成就的人，大多很早就確立了一生為之奮鬥的抱負。

戴維・史華茲就是這樣的人。他雖然出身寒微，15歲就輟學自謀生路，但他有很強的事業心，小小年紀就立志要做一個企業家，而且不露聲色地實行著自己心中的計畫。

18歲時，他進入斯特拉根時裝公司做業務員。這是一家著名的時裝公司。他在這裡工作，為未來的事業打下良好的基礎。

在斯特拉根幹了一年，史華茲便決定自己創設一家服裝公司——開展自己的事業。

一天，他向公司老闆說出了自己的打算。老闆感到非常意外，沒想到這個踏實肯幹、訥言敏行的小伙子竟有如此的抱負。

「你有資金嗎？」老闆問道。他不相信史華茲真心要辦公司。

「我已有一筆資金，而且這錢是我自己的。」史華茲回答他。

「你自己的？你工資收入不多，哪能攢下錢來辦企業？」

「我從15歲當搬運工起就開始儲蓄，現在已有近三千美元了。」

斯特拉根開始對史華茲刮目相看了——看來，站在他面前的是一位胸有大志的青年。最後，他以一個長者的身分，給了史華茲幾句鼓勵的話：「祝你成功，孩子！不過，如果你在外面不得意，隨時歡迎你回來。」

於是，史華茲和一個朋友合夥，用七千五百美元開辦起一家小小的服裝公司。公司雖小，但它屬於自己。這對史華茲來說，無疑是非常重要的開端。

他將全部精力都投進這家名叫約蘭奴真的服裝公司。在他出色的經營以及斯特拉根無私的幫助下，公司一開始發展得很快，生意也相當不錯。

然而不久，這種發展的勢頭突然減緩下來。

史華茲感到，老是做和別人一樣的衣服，顯然沒有出路。必須找到一個優秀的設計師，能設計出別人沒有的新產品，才能在服裝業中出人頭地。

然而，這樣的設計師到哪兒去找？他為此夜不能寐，茶飯不思。

一天，他出外辦事，突然發現一位少婦身上的藍色時裝十分新奇，竟不知不覺地緊緊跟在她後面。少婦以為他心懷不軌，轉身大聲斥罵。

史華茲這才猛醒過來，覺得自己實在太唐突了，趕忙向少婦道歉和解釋自己的唐突行為。

少婦心中疑團解開，轉怒為笑，而且告訴他，她身上這套衣服是她的丈夫自己設計的。

真是「踏破鐵鞋無覓處，得來全不費功夫。」

史華茲馬上決定聘請少婦的丈夫做自己的設計師。

第二天，史華茲按照少婦留給他的地址找上門。那少婦的丈夫叫杜敏夫。為了表示自己的誠意，史華茲還帶上幾套自己設計的衣服樣品請對方評點。

杜敏夫顯得十分傲氣，一看到史華茲的衣服樣品，立刻毫不客氣地批評：「你這衣服是二流設計師設計的！也許，你的公司裡根本就沒有設計師。」

史華茲聽了，毫不介意，反而認為他的話很有見地，便同他認真地攀談起來。

杜敏夫竟越發狂妄：「老實說，我真不把你們這些服裝業大老闆放在眼裡！你們這些人有幾個真懂設計的？就連美感的觸角，也許還沒長出來呢！」

從交談中，史華茲深知此人清高孤傲，自負而暴躁。但他也知道，這種人一般都確實很有本事，如果好好使用，必會全力以赴，搞好工作。

他以誠懇的口氣提出邀請。沒想到杜敏夫一聽，竟勃然大怒，說他寧願餓死，決不做設計師。

史華茲知道現在沒法說服他，只好留待以後再找機會。

經過一番調查，史華茲得知，杜敏夫果然是個很有才能的人。他精於設計，曾在三家服裝公司幹過，前後不過一年時間。離開服裝設計的原因也很簡單：他的自尊心太強，當他提出一個很好的設計方案出來，不懂設計的店主不僅不給予嘉許，反而橫挑鼻子豎挑眼，甚至蠻不講理地訓斥一頓。杜敏夫受不了這份窩囊氣，乾脆一走了之。事不過三。後來他就徹底灰心，從此不搞設計，轉而經營服裝。

史華茲從小就自謀生計，飽受世態炎涼，對杜敏夫的遭遇很表同情，也十分理解他的心理，更堅定了聘用他的決心。

然而，第二次登門拜訪，杜敏夫竟索性閉門不見，甚至從門裡高聲辱罵他。

史華茲苦無對策，只好去向老東家斯特拉根求教。

斯特拉根皺著眉：「此人脾氣這麼壞，很難相處，用這樣的人，是不是會有風險啊！」

「只要真有本事，脾氣大一點，我不在乎。」

「你真有這種肚量嗎？假若他戳著你的鼻子罵大街，你也不在乎嗎？」老人家似有含意地這樣問道。

「是的。只要他不是無理取鬧。」史華茲十分肯定地回答。

「好，好！」斯特拉根用讚許的口吻說：「只要具有這種精神，孩子，你將來的事業必定不可限量。你的眼光不錯，杜敏夫是個人才，給我的印象很深。只是，我已經沒有這份精力安插他了。只要你會用他，他必能有出人意料的表現。」

史華茲受到鼓勵，但對老人所說的「沒有精力安插他」這話讓他感到不解。

斯特拉根歎道：「你將來就知道了。一個大企業家想使用一個真正有才幹的人，不是件容易的事。嫉妒是人的天性。尤其到了我這種年紀，公司中的重要骨幹都跟了我幾十年，如果我想用一個後起之秀，他能不受排擠嗎？」

「照您這麼說，一家歷史悠久的公司，就無法起用優秀有才華的年輕人了？」

「那倒不是。如果是經理人才，你任用他之後，他本身有實權，又真有一套，別人根本排擠不了他。但是，設計人員就不同了。他們是否受重視，全看他們的才能是否被賞識，主管是否有魄力。你看我這樣一把年紀了，還有精神跟他們那些人鬥嗎？」

老人家頓了一下，又語重心長地說：「記住，戴維，一家大企業不可能唱獨角戲！不但要有傑出的領導人才，更要有優秀的實幹人才。對人才要四面出擊，讓他的才華淋漓盡致地發揮出來，為公司創造意想不到的財富。你知道為什麼有些大公司漸漸衰敗下去，一些小公司卻迅速成長起來嗎？關鍵就在當權者的用人觀念上。用人時若老是抱著老子有錢，哪裡也能請到人的心理，你一輩子也用不到一個真正的人才。因為真正有才華、有抱負的創業者，決不會為了你的一點點薪水而唯唯諾諾！」

史華茲深深地感知到老人家這番肺腑之言的份量，他更是下決心一定要請動杜敏夫。

俗話說：只要心誠，石頭也會開花。

史華茲接二連三走訪杜敏夫的家，這種求賢若渴的精神終於感動了杜敏夫，接受了他的聘請，擔任約蘭奴真廠的服裝設計師。

杜敏夫果然身手不凡。他建議採用當時最時新的衣料——人造絲來製作時裝，並且設計出好幾種最受歡迎的款式。

史華茲是第一個採用人造絲做衣料的人。由於這一步搶先，盡佔風光，約蘭奴真服裝公司的業務蒸蒸日上，不到十年，就成為服裝業中的「大哥大」。

史華茲終於獲得成功。他知道這成功得來不易。他最不能忘記的是斯特拉根那番關於用人的教誨。為保持企業的活力，他大量起用後起之秀。而每當一批新人進入他的企業，必定帶來一股新的氣息、新的觀念、新的活力。

❖路至盡頭不絕望

福勒是美國一位黑人佃農的七個孩子中的一個。他決定靠經商生財，起初選擇的是經營肥皂。此後，他挨家挨戶出售肥皂，達12年之久。後來他獲悉供應他肥皂的那家公司即將拍賣，售價15萬美元。

他決定買下這家公司。在過去12年中，他已一點一滴地積蓄了2.5萬美元。最後雙方達成協議：他先交2.5萬美元的保證金，然後在10天的期限內付清剩下的12.5萬美元。如果他不能在10天內籌齊這筆款子，就喪失已交付的保證金。

這是一場豪賭。在當肥皂商的12年中，福勒已獲得許多商人的尊敬和讚賞。此時此刻，他決定去找他們幫忙。他從私交的朋友身上借了一些款子，又從信貸公司和投資集團那裡獲得了援助。

後來，他回憶道：「當時我已用盡了我所知道的一切貸款來源。那時已是沉沉深夜，我在幽暗的房間裡自言自語：我要驅車走遍第61街。」

夜裡11點鐘，福勒驅車沿芝加哥61街駛去。駛過幾個街區後，他看見一所承包商事務所亮著燈光。他走了進去。屋裡，一張寫字枱旁坐著一個因深夜工作而疲乏不堪的人。福勒意識到自己必須勇敢些。

「你想賺一千美元嗎？」福勒直截了當地問道。

這句話把那位承包商嚇得向後仰。「哦……當然囉！」他答道。

「那麼，給我開一張一萬美元的支票。當我奉還這筆借款時，我將另付一千美元利息。」福勒誠懇地說。他把其他借款給他的人的名單拿給這位承包商看，並且詳細解釋了這次商業冒險的情況。

那天夜裡，福勒在離開這家事務所時，衣袋裡裝了一張一萬美元的支票。以後，他不僅在買下的那家肥皂公司，而且在其他七家公司，包括四家化妝公司、一家襪類貿易公司、一家標簽公司和一家報館，都獲得了控制權。

福勒成功了。這很大程度上應歸功於他展現了冒險的勇氣與他的自信心。假如他沒有看到那燈光呢？假如他沒有勇氣去向這個陌生人求助呢？那他也許就徹頭徹尾地失敗了。可以肯定，有很多人冒險失敗了。成功和失敗相輔相成，這是規律，沒有什麼可值得大驚小怪的。積極的人會學習他人冒險成功的經驗，然後大膽冒險；消極的人看到的是一系列失敗，所以永遠謹小慎微，最終一樣走向失敗。

出其不意

釋義

「出其不意」即出乎敵人的意料，用超乎尋常的辦法，致其於死地，以保證出師大捷。這是古今中外，許多軍事家所追求的一種境界。用活用好此計，可以充分體現出一個軍事家的軍事素質。

是的，想取得成功，就必須打破俗套，敢於向常規挑戰。新、特、奇的想法和做法，是實施「出其不意」之計必不可少的條件和關鍵所在。

謀略典故

這個智謀見於《三國演義》六十八回『甘寧百騎劫魏營，左慈擲杯戲曹操』。

講的是：孫權應諸葛亮之邀，出兵曹操空虛的東部防線。在戰鬥相持階段，甘寧請命帶百名騎兵夜襲曹營。最終，甘寧不損一人一馬，偷襲曹營成功。

典故名篇

❖ 美軍的印第安密碼

第一次世界大戰期間，美軍的無線電密碼經常被德國人截獲並破譯出來，造成很大的損失。其後，美軍換了新密碼。然而，不久又被德國人破譯了。通訊上尉霍爾涅爾曾學過印第安語，知道印第安人中的邱克托語是世上罕見的語言之一。因此，他建議以後凡絕密情報都用邱克托語傳達。這樣，德國人雖能竊聽和截獲情報，但對這種語言一竅不通，必定一籌莫展。這樣的密碼在第二次世界大戰期間又繼續使用。但這時已不再用邱克托語，而是那發赫語。當時，懂得那發赫語的非那發赫人，世界上僅有28人。

美軍應用印第安語，果然出奇制勝。

❖ 在半空中洗澡

日本的飯店、酒店、旅館可說密集如夏夜的繁星，在經營範圍和服務程序上如果不獨闢蹊徑，出新出奇，想超越別人，取得突出的生意成就，太困難了。日本大阪有田觀光飯店的經營者就深深懂得上述的道理。飯店經理宇野利用飯店靠近山峰和湖水的地理優勢，幾經籌劃，首創出太空溫泉浴，果然轟動了旅遊界。

原來，宇野請電力建設部門在飯店前方的兩座山間安裝離地二百公尺高的電纜，電纜上懸吊著一個溫泉澡池，用電纜車將它們連結起來。使用時，操縱電紐，溫泉澡池即隨電纜車上下緩行。每個空中澡池可容納2人，10個澡池，一次可載客20人。客人泡在澡池中，一邊洗溫泉澡，一邊居高臨下，飽覽湖光山色，「抬首望紅日，低頭看青山。」

這空中澡池一問世，有田觀光飯店幾乎天天客滿，日本各地趕來獵奇的客人每天竟達一千餘人之多；節假日，飯店更是住不下……

宇野首創半空溫泉浴成功，引起同行和記者的濃厚興趣，紛紛追問他的經營訣竅。宇野笑答：「其實這並不神祕。滿足人們的好奇心和提供最佳服務，本是服務行業兩個不可缺少的著眼點，它們的關係就像一枚錢幣的兩面，缺一不可。到觀光飯店投宿的客人，如果既能享用到全身浸泡於溫泉之中，舒心愜意的滋味，還能領略半空中飽覽山水風光的新奇刺激，那緊張工作的疲勞和煩惱就能煙消雲散，他們多花一些錢也必然心甘情願。所以，設想一個切實可行的新奇點子，就是經營的要訣。」

❖ 靠簽名簿，一躍變成富豪

由窮光蛋而成為世界富豪的大有人在，阿拉伯人艾布杜便是個奇妙的實例。

艾布杜起初是個連溫飽都成問題的臨時工，如今他擁有銀行存款400萬美元。這位生活奢侈，出手闊綽的大亨，他的財富並不是靠經商得來。他是靠智慧，藉著出其不意的計謀，用幾本簽名簿，搖身一變，成為大財主。

事實上，他致富的法寶說來簡單而有趣。他的簽名簿裡貼有許多世界名人的照片。他再模仿名人的親筆字，簽寫在照片底下。然後，他帶著這幾本簽名簿浪跡環宇，登門造訪工商巨子和好名的富翁。

「我是因仰慕您而千里迢迢從阿拉伯沙漠地帶前來拜訪。請為這本『世界名人錄』供應一張您的玉照，簽上大名。我們會加上簡介，再出版，並立即寄贈一冊……」

經他拜訪的富豪，一看到其中的照片和簽名都是當代世界的名人，會有什麼反應？人都好名；有錢人更愛虛名。因此，多數人都心甘情願地簽下大名，並提供照片。

而且，這些人有的是錢，又喜歡擺闊，一想到能跟世界級名人排名在一起，便感到無限風光。這樣一來，他們就會毫不吝惜地付給艾布杜一筆為數可觀的金錢。

每本簽名簿的出版成本不過1美元，而富人所給的報酬往往超過上千上萬美金。艾布杜整整花了6年時間，旅行96個國家，提供他照片與簽名的共有2萬多人。給他的酬勞最多的2萬美元，最少的也有50美元。

以逸待勞

釋義

「以逸待勞」意為：作戰時自己已充分休息，養精蓄銳，遠道而來的敵人則疲憊不堪。此時乘機出擊，即可取勝。這是軍事上掌握作戰、王動權，伺機殲敵的法寶。其關鍵是善於應變，熟悉地形，了解氣象的變化，詳盡地掌握敵方的動向，化被動為主動。

古今中外，許多常勝將軍都善於運籌帷幄，決勝於千里之外，將「以逸待勞」運用得令人驚嘆。就市場經濟而言，用此兵法，在競爭上也可收事半功倍的效益。

謀略典故

這個智謀見於《三國演義》七十一回『占對山黃忠逸待勞，據漢水趙雲寡勝眾』。

講的是：黃忠在定軍山和曹將夏侯淵相遇，初戰告捷。為此，夏侯淵堅守山寨，不再出戰。黃忠分析敵情，聽從法正的計謀，是夜智取了杜襲把守的山寨，造成與夏侯淵對峙的局面，然後用計使敵疲憊，以逸待勞，將夏侯淵斬於馬下，佔領了定軍山。

典故名篇

❖ 用計欺敵，日商擊敗「山姆大叔」

一位美國人前往日本參加一次為期14天的談判。他懷著美國人所特有的自信，心想，此去一定能大獲全勝。

飛機著陸後，他受到日方的熱情接待，日本人誠懇而熱情地表達了對他的問候，隨後請他坐上豪華舒適的轎車。

顯然，日本人把他看作非常重要的人物。美國人不禁暗自得意。他被安排住進一家高級酒店。

日本人客氣地說：「您的一切花費由我們支付，請盡情享受。」隨又問道：「您來過日本嗎？」

「不！我是第一次來。」

「那您一定要在這裡多待幾天，看看我國的名勝和體驗一下日本的文化。我們會安排好您到各地旅行。」日本人表現得很殷勤：「不過，您若一定要準時回國，我們可以幫您辦好機票和所有的手續，並且準時送您到機場。」

美國人感覺到這次工作必是一次非常愉快的經驗。

接下來幾天，日本人周到地安排這美國人的行程，閉口不提談判的事，一切彷彿表明，談判及簽約都是輕而易舉的事，不用多慮。

第12天，談判才終於登場。但未談多久，日本人提議，因為安排了專門活動，不妨早些結束談判。

第13天，日本人設宴盛情款待美方代表，又提前結束談判。

最後一天早上，實質性談判才真正開始。到了關鍵時刻，美國人被告知，飛機起飛的時間快到了，送他去機場的轎車已準備好。

日本人建議，剩下的問題在車上繼續談。結果美國人再也沒有時間集中精力討價還價，只好在日本人早已擬好的文件上簽了字。

可以說，此次交手，日方是在談笑中取勝美國疲憊之軍。

❖ 借虛價大錢渡難關

古代封建社會的經濟形態主要是自給自足的自然經濟，封建王朝依賴的是賦稅收入。因此，王公大臣的經濟觀念也不可能超越時代的侷限，大都不外乎強調「重農抑商」、「獎勵耕織」，「屯田戍邊」、「節制消耗」一類。利用貨幣流通以解決國庫空虛、平抑物價的思想，比較而言，就顯得有些經濟頭腦了。

三國時期，西蜀的劉巴就曾根據上述規律，上言奇策，幫助初入益州的劉備渡過暫時的經濟困難。

建安十九年（公元二一四年），劉備入川不久，就與劉璋的地方勢力發生軍事對抗。是年五月，劉備包圍成都。被困在城裡的劉璋尚有精兵3萬，糧帛儲備也很充足，足夠一年之用。看來，要攻下成都，並不是一件容易的事。

為了激勵將士英勇作戰，劉備與將士約定：「倘能攻下成都，城中珍寶，府庫百物，我一文不取，盡歸全軍隨意享有。」

關鍵時刻，劉備也像所有封建軍閥一樣，以「重賞之下必有勇夫」的思維，用鼓勵搶掠的手段刺激將士們為他效命。

鑒於軍事力量對比懸殊，劉璋終於同意繳械投降。他說：「我們父子二人在益州20多年，沒有給老百姓帶來什麼恩惠，而百姓為我攻戰了3年，血染草野者不計其數，現在又要他們去為我守城賣命，我於心不忍。」

就這樣，一場血戰算是避免了。

可是，城開之日，劉軍將士像洪水猛獸般大肆搶掠。對此，史書上曾記載道：「及拔成都，士眾皆捨干戈，赴諸藏，競取寶物。」

劉備佔據了成都，狂喜萬分，大讚士卒，並取蜀城裡的金銀賞賜將士，還把城中的絲帛分發給士兵、百姓。

常言道：「樂極生悲。」

經過這樣一場大肆搶掠，大量賞賜，劉氏政權便陷入「軍用不足」的困境。為此，劉備一籌莫展，憂慮重重。

正當此刻，劉巴為劉備獻上一個奇策：「此易耳。但當鑄直百錢，平諸物價，令吏為百官市。」

劉巴是何許人？這還要從頭說起。

當初，劉備從新野逃往江南，荊楚一帶人士紛紛前來投奔，惟獨劉巴向北投向曹操。曹操封了他一個官職，讓他去說服長沙、零陵、桂陽三郡。想不到，赤壁之戰以後，劉備佔有了這三郡，劉巴只好空手返回北方。走到半路，諸葛亮曾寫信招撫，他也不應。因此，只要一提起劉巴，劉備就恨之入骨。

待劉備率軍入川，劉巴又去投奔劉璋，並極力勸阻他投劉：「劉備是一方豪傑，絕不能讓他入川。」……「假如借劉備之手去討張魯，無異於放虎歸山……」劉備得知，對劉巴更是恨得咬牙切齒。

後來，劉備消滅了劉璋，劉巴只好閉門稱疾。按常理，劉備得勢之後，殺死劉巴是理所當然之事。但他竟然下令：「有害劉巴者，誅及三族！」這件事使劉巴很受感動，於是真心歸順。

劉備為什麼不殺劉巴？是為了招攬有用的人才。劉巴有政治見地，又有雄韜謀略，正是個人才。

接下來分析劉巴的經濟奇策。說是奇策，其實一點也不奇。

我國古代幣制，至西漢武帝實行「五銖錢」以後，算是比較成熟了。由於五銖錢輕重適中，合乎漢至隋百餘年的經濟發展狀況與價格水平，因而基本上持續延用不廢，流通範圍最廣。劉備入蜀後鑄「直百錢」，其價值相當於150個銖錢。

從出土文物上看，這種錢大者徑皆在2釐米以內，重約2克，小者則不足0.5克。出土文物中又有一種「直百五銖」較大，大者直徑2.8釐米，重9.5克，最輕小者則不足3克。

究竟劉備初入蜀時鑄的「直百錢」是前者，還是後者，至今史學界尚無定論。但不論是「直百錢」，還是「直百五銖都是虛價大錢。就是說，這種銅幣的價值並不等於一百銖銅所具有的價值。劉備以政權的力量，將這種虛價大錢投放到市場，當然能夠很快地搜刮民財，一下子使國庫充實起來。這實際上是在搞通貨膨脹，利用通貨膨脹解決中央的財政危機。

至於利用通貨膨脹如何能夠平抑物價，這倒是一種比較複雜的經濟現象。按照貨幣流通規律，貨幣的多少應與投入商品市場的物資相適應。否則「錢輕物重」或「錢重物輕」，都會引起物價波動。如「錢輕物重」，即流通在社會上的錢太多，物價自然上升；如「錢重物輕」，流通在社會上的錢過少，物價下跌得很厲害，受害的同樣是老百姓。

劉備入蜀初期，由於將士、民間擁有大量財物，在流通中貨幣奇缺，妨礙商品流通，百姓受其苦。這時，中央國庫空虛，更無法支付財政所需。所以，只有搞一次通貨膨脹，才能解決財政困難，並可緩和社會矛盾。因此，從社會效果來看，這有益於西蜀政權的穩固。劉巴建議鑄虛價大錢，與王莽和董卓搞的鑄小錢或虛價大錢，手段雖同，效果還是有所不同。

當然，這種虛價大錢的名義價值不可能長久保持，它只能奏一時之效。穩定經濟，充實國庫，最根本的方法還是要靠發展生產力。

至於「官市」問題，是劉備推行「直百錢」的一種輔助手段。所謂「官市」，就是利用政權的力量做買賣。官家拿著「虛價大錢」買回貨物，等於巧取豪奪。

總之，劉巴給劉備出的良謀奇策，確實解了劉備的燃眉之急。這種做法的意義應如何評價還在其次，利用貨幣流通的機制解決經濟問題卻不能不說是一種巧妙的嘗試。

疑兵之計

釋義

「疑兵之計」意為：用示形欺敵之法，使敵方產生錯誤的判斷，從而爭取大獲全勝。使用示形欺敵法，依因時因地因故而有所不同。用兵雙方都講求詭道，一方的誘敵成功，必以另一方的判斷失誤為前提。關鍵是看誰棋高一著。

古今中外許多傑出的軍事家都能在深入了解敵我情勢的基礎上誘敵去疑，使敵人判斷錯誤。領略其兵法的特殊之處，對政治、經濟和處事，都有一定的借鑒作用。

謀略典故

這個智謀見於《三國演義》第七十二回『諸葛亮智取漢中，曹阿瞞兵退斜谷』。

講的是：孔明四出祁山。司馬懿用反間計，使後主劉禪相信讒言而命孔明班師。只是，此時撤退，必遭司馬懿追殺。為此，孔明用疑兵之計，命姜維撤軍，每日增灶一成。司馬懿不知是計，退兵洛陽。孔明不損一兵一卒，安全地撤軍回到成都。

典故名篇

❖ 英軍疑兵計，德軍亂部署

阿拉曼戰役一打響，英軍在德軍東面防線上就發動了猛烈的炮火轟擊，同時在地中海沿岸靠近德軍前線的地方也採取了行動。

這時，指揮德軍戰鬥的施圖姆將軍正為弄不清英軍的主攻方向而焦慮不安，海岸巡邏部隊的報告更加使他吃驚。報告中說，英國軍艦在強大的轟炸機群支援下，正在轟擊德軍第九十輕步兵師的地段。

猛烈的英軍炮火已向德軍陣地開火，魚雷快艇在沿岸駛來駛去，散放著煙幕。從煙幕中傳來了似乎是大規模兩棲進攻的聲音：如發動機發出的聲音和氣味、錨鏈的格格聲、擴音器裡的叫喊聲等等，還有一連串的照明彈照亮了海灘。

接到報告後，施圖姆立即行動。他命令轟炸機和戰鬥機馬上起飛；指令第九十輕步兵師的後備團出發，去迎擊好像要在德軍前線後邊企圖登陸的英軍。大炮和坦克不停地向海面射擊。

但是，當煙幕消散，只見僅有幾隻木筏在海中漂動。原來這是一次佯攻。英國人使用了一種特殊的新式武器，以聲音和味覺欺騙了德國人。格格聲是由魚雷快艇帶到海灘附近的擴音器放大的錄音；照明彈是對空自動發射；發動機的聲音來自木筏上的罐子。這一招，果真使施圖姆上了當，把一部分最精良的重要部隊調出了主要戰場，減弱了德軍在英軍主攻方向上的防禦力量。

在瞬息萬變的戰場上，利用各種聲音掩飾自己的行動，欺騙敵人，發揮作戰的突然性，使敵人措手不及，是精明的指揮官不可忽視的謀略之一。

以聲掩蔽的事例在現代戰爭中不勝枚舉，比如以擴音設備模仿坦克的轟鳴、以鞭炮聲充當機槍聲等等。在未來的戰爭中，偵察手段必然大大提升，聲測技術也會有長足的進步。這給「以聲掩蔽」之術的運用帶來了困難。為此，必須根據變化了的條件，創造出「以聲掩蔽」的新方法。

❖ 花王公司三個絕招打天下

日本花王公司是專門生產洗滌用品的廠家。面對如火如荼的市場競爭，公司制定了捕捉市場信息的獨特戰略方案。

憑著一場又一場漂亮的信息戰，花王公司在競爭中「過五關，斬六將」，戰勝一個又一個競爭對手，在洗滌用品市場中大放光彩。

花王公司曾走過一段漫長的坎坷道路。

成立之初，花王公司無論在資金或技術上，都遠不如日本其它幾家實力雄厚的洗滌用品企業，如潔露洗滌用品公司、清爽洗滌用品公司等。花王決定將戰略重心放在洗滌用品的質量上。質量很快提高了。但花王生產的產品市場佔有量並沒有多大程度的提高，公司仍以艱難的步伐向前發展。

有一次，花王公司的銷售人員在東京市一家洗滌用品店「觀光」，無意中發現，在原來花王公司所屬的櫃檯上，擺滿了另一廠家的同類商品。

這位銷售人員假裝要購買花王公司生產的洗滌用品。他從商店銷售人員的口中了解到，花王生產的洗滌用品不受消費者歡迎，主要原因在於產品的包裝不夠精美，給消費者留下太陳舊，無法令人一新耳目的第一印象。

這位銷售人員回到公司之後，立即向經理彙報了此事。

經大家開會，熱烈討論、認真分析之後，公司一致認為，出現這一問題的關鍵在於企業在經營過程中信息不靈，不能及時獲取從消費者口中反饋回來的訊息，因而不能採取相關的應變對策。

針對這一問題，公司於是制定了「抓住信息，主動出擊」的市場信息戰略。

這個信息戰略共包括三個層面：

一、建立公司的諮詢圈，採取問卷和電話調查等形式，直接從消費者的反應中了解市場動態。

比如問消費者：「你對洗滌用品的顏色有何要求？」

或是：「你喜歡濃縮還是一般洗滌用品？」

或是：「你喜歡哪種包裝？」等等。

隨著諮詢圈細致深入的工作發展，公司每天都收到成千上萬的消費者要求取得信息。

二、成立專門的「信息購買中心」，圈繞著新產品究應如何進入市場，開展調研工作。

這個中心的主要任務是將收集、購買來的信息進行綜合分析，然後做出抉擇，定期向公司主管彙報。它相當於公司的首腦樞紐，其參與者都是從公司精選出，在決策方面各有專長、造詣的專業人員。它與各地的消費者協會及各種社會團體保持密切聯繫，與商業情報公司簽訂了長期合約。因此，它總是能及時而準確地獲取有價值的信息。然後，根據所獲得的信息，做出靈活的應變策略，以實現對公司的科學化管理。

三、選擇零售點與批發站組建聯繫網絡，由這些銷售單位每天定時向公司彙報業務經營狀。

隨著這項市場信息戰略的推行，花王公司終於在日本洗滌用品生產企業中脫穎而出，其所生產的各種洗滌用品以一流的品質和精美的包裝，獲得了用戶的一致好評，一舉登上日本洗滌用品的霸主地位。

攻心為上

釋義

「攻心為上」是《孫子兵法‧謀攻篇》中論述的一種方略，受到後世軍事家、政治家的極力推崇，堪稱軍事戰略的最高境界。意為：以自己之威猛與敵人硬拼固然可取勝，但己方也必然有所傷亡。如果採用「攻心為上」之策，則不多費氣力，不多耗國家財力，少犧牲人，而令敵人自潰，即可得到徹底的勝利。這是它在軍事上的巨大作用。相對而言，在政治鬥爭、經濟管理、市場建設中，「攻心為上」的兵法也不可或缺。

謀略典故

這個智謀見於《三國演義》七十六回『徐公明大戰沔水，關雲長敗走麥城』。

講的是：關羽輕敵，率荊州大半兵馬去攻打樊城，致呂蒙乘虛而入，兵不血刃地佔領了荊州。面對回頭欲奪回荊州的關羽，呂蒙施

「攻心為上」之計，以懷柔和嚴厲的軍規，贏得荊州民心。在城中蜀軍家屬呼喚下，關部軍心渙散，最終落得敗走麥城。

典故名篇

❖ 瑞士人攻心取勝

十四世紀初，奧國的利奧波德率軍攻打瑞士索洛圖恩城。兵抵阿爾河畔，他下令團團圍住這座城市。瑞士人民十分勇敢，無論敵人怎樣威逼、利誘，絕不投降。後來，利奧波德在阿爾河上搭了一座大橋，想從橋上跨河攻城。

但這座橋搭得並不牢固。一天，一隊奧軍正要過橋，橋突然斷裂，士兵紛紛落水。這時，瑞士人奮勇地跳下河去，把落水的奧兵一個個拖上岸來。奧兵十分害怕。誰知瑞士人不僅沒有加害他們，反而讓他們進城休息、吃飯，最後把他們全都放了回去。

瑞士人的做法讓奧兵大為感激。這事在奧軍中傳開了，奧國士兵大多失去了和瑞士人對陣的心思。利奧波德見軍心浮動，只得引兵退去，然後同瑞士人訂定了和約。

❖ 主婦也能打天下

在新宿一條名為多多博的街道上，常常有三位普通的家庭主婦到此購物。她們都是四十多歲的中年婦女，同住一幢公寓，幾乎每天都結隊一同上街。為首最高大的婦人名叫佐賀，另外兩名分別叫良多幸子和勾本代。

一天早上，佐賀告訴同伴：「聽我說，咱們街上有人吃黃瓜中了藥毒哪！」

另兩人大吃一驚，同聲問道：「真的嗎？」

「不假！今早的報上說的。還有中毒者的照片，他差點死了。」

「那我們得小心些！」勾本代說。

「怎麼小心？你不可能一輩子不吃黃瓜吧！」良多幸子有點驚惶失措。

「不止黃瓜，白菜、蕃茄也不能保證沒有毒呀！」佐賀不由脫口而出。

「這麼一說，好像真的沒辦法啦！」勾本代嘆道。

三人沉默了一會兒，還是佐賀當先發話：「開一家食品店，保證食物絕對新鮮，沒有農藥污染，讓人吃了絕對放心，一定會有許多人光顧。」

另二人有些犯疑：「哪來的金錢、時間？」

「錢，我們幾個人合出；家務活嘛，我們可以請保姆……」佐賀興致勃勃。

幾天後，在佐賀強力慫恿下，這事就定了。她們又另外拉了幾個主婦合股，一共籌得二百多萬日元，在多多博街租下一間鋪面，既做老闆，又當工人，起勁地幹了起來。給這家店起名時，因為是由佐賀提議，於是大家一致同意叫「佐賀主婦商店」。

剛開始，佐賀商店主要經營蔬菜、魚和水果。由於店主是一群家庭主婦，她們都很熟悉婦女們的購物心理，採用薄利多銷的手法，並讓果菜雜亂無章地堆放在菜枱上任顧客一窩蜂圍著選購，造成了熱效應，新店一開張便贏得了好勢頭。

幾個店主很重視菜果的質量，使之成為店裡的最大特色，以此博得顧客的信任。

她們嚴格規定，絕不貪便宜，從不可靠的公司或小販手裡批發東西，寧願花多點成本，向大而有信譽的公司批購，並特地把衛生管理局發的衛生許可證放大，掛在店面顯眼的地方。

佐賀很活潑，口才又好，常常站在店門口大聲吆喝：「本店有全市最新鮮的蔬菜水果和魚，全部食品都有衛生局的檢查認可書……快來買呀！」招來了許多顧客。

有一次，良多幸子從北海道販回一批鮮魚。因天熱路遠，回來時，魚已有些異味口。為此，佐賀堅決反對擺出去賣。但因為量多，其他人建議用點除臭劑洗一下就行。佐賀堅持己見，把所有的魚都扔進了垃圾桶。良多幸子因此大為不滿，退出了這家店。

後來，佐賀商店增加出售牛奶。一天早上，因為下大雨，很多人都沒有出門買東西，佐賀商店的牛奶剩下很多，佐賀又堅持把過期的牛奶倒了。佐賀商店的這些舉動，贏得了眾多顧客的讚賞和信賴。幾個店主趁機把價格提高一點，顧客依舊盈門。她們的生意越做越紅火，分店也越開越多。

一天，一個佐賀商店的常客來買東西，對一名店員說：「我們常來光顧，對你們這夠交情，你們怎麼也得給點優惠呀！」

雖是顧客隨便說的話，但這個職員細心一想，覺得這是個值得考慮的主意。因為家庭主婦，很計較小恩小惠的。雖是小小一點恩惠，給與不給，有很大的區別。她把這個想法向已是大老闆的佐賀提出來，佐賀當即表示同意。從此顧客只要在佐賀商店購物，只優惠券之類的東西大多是在商場出現，一般小店少有。佐賀商店發行優惠券的消息一下子傳開了，許多家庭主婦都認為食物每天都需要，10張優惠券很快就能積足，因此，住在多多博街的家庭主婦，一說上街，必定到佐賀商店走一遭。

其後，佐賀商店又同時經營生活用品。這樣，家庭主婦外出購物時，只要到佐賀商店，就可以買到全部想買的東西，既節省時間，又免走許多路，佐賀商店因此備受歡迎。

❖ 把大把錢用到點子上

猶太商人很熱心於辦公益事業。歸根到底，這是一種營銷策略。

這樣做，可以提高企業的知名度，擴大影響，博取消費者的好感，鞏固已佔有市場並擴大市場佔有率。

俄國銀行家金茲保家族從一八四〇年創立第一家銀行起，經過幾十年的經營，開設了多家分行，並與西歐金融界建立了廣泛的業務關係，發展成俄國最大的金融集團，許多家族成員成為世界知名的大富豪。像其他猶太富豪一樣，金茲堡在發跡過程中，做了大量慈善工作。他獲得俄國沙皇的同意，在彼得堡建立了第二家猶太會堂；一八六三年，他又出資建立俄國猶太人教育普及協會；用他在俄國南部的莊園收入建立猶太農村定居點。金茲堡家族第二代繼續把慈善工作做下去，曾把家族所擁有，當時歐洲最大的圖書館捐贈給耶路撒冷猶太公共圖書館。

美國籍猶太商人施特勞斯從商店記帳員開始，步步升遷，最後成為一家大型百貨公司的總經理，於20世紀30年代成為世界上首屈一指的巨富。在他事業成功的過程中，也做了大量慈善工作。除了關心公司職工的福利外，他曾多次到紐約貧民窟察訪，捐資興建牛奶消毒站，並先後在美國36個城市，給嬰幼兒分發消毒牛奶；到一九二〇年止，他在美國和國外建立了297個施奶站。他還資助建設公共衛生事業。一九〇九年，在新澤西州建立了第一家兒童結核病防治所。一九一一年，他到巴勒斯坦訪問，決定將全部資產用於在此地興建牛奶站、醫院、學校、工廠，為猶太移民提供各項服務。

諸如此類的例子，還有很多很多。

猶太商人如此樂於行善，實際上也是一種生意經。他們大量捐資興辦公益事業，可贏得所在地政府的好感，對他們開展各種經營十分有利。有些猶太富商由於對所在國的公益事業行了重大義舉，獲得封爵。比如羅斯查爾德家族中就有人由英王授予勳爵爵位。有些猶太商人還獲得所在地政府給予優惠條件，開發房地產、礦山，修建鐵路等，賺錢的路子由此得到拓寬。

將計就計

釋義

「將計就計」意為：在與敵方拼戰時，若無計可施，可以借用敵方的計謀，達到取勝的目的。其關鍵在於因勢利導，在敵方所設的圈套之外再設一道，使他所置的圈套落入你的掌握之中。

從古到今，有許多使用此計的典範。我們尤其可以從《三國演義》中領略到它誘人的魅力。

謀略典故

這個智謀見於《三國演義》第七十七回『玉泉山關公顯聖，洛陽城曹操感神』和七十八回「治風疾神醫身死，傳遺命奸雄數終」。

講的是：孫權擒殺了關羽之後，將關羽的頭送給曹操。曹操將計就計，厚葬了關羽，將劉備的仇恨又重新轉移到東吳的頭上。

典故名篇

❖ 阿拉斯加來的土匪

一九七五年，沙烏地阿拉伯對外宣布了一項驚人的決定：在沙國東部杜拜興建大型油港，預算總額為10～15億美元，並向全世界各大承建公司公開招標。

這項工程十分龐大，堪稱「本世紀最大的工程」。這項信息通過電波，傳向全世界，立即引起各國建築商的關注。

一九七六年2月，中東彈丸小國巴林戰雲密布，大軍壓境。一場舉世矚目的「世紀工程」奪標大戰即將在這裡展開。

號稱「歐洲五大建築公司」的西德「菲力浦・霍斯曼」、「朱柏林」、「包斯卡力斯」，英國的「塔馬」，荷蘭的「史蒂芬」，早已踏上這個海灣小國，企圖先聲奪人。美國、法國、日本等國家的頭號建築公司也匆匆從遠道趕來，參與這場大角逐。

最後一個到來的是南韓鄭周永率領的現代建設集團。儘管這是個姍姍來遲的插隊者，卻還是引起對手的恐慌。

有的公司表示願意同他合作，一起承包工程；有的乾脆提出，只要他退出競爭，馬上就支付一筆可觀的現金作為補償……

鄭周永到底何許人也，竟令這些歐美赫赫有名的企業巨子如此

「敬畏」？

鄭周永出身於朝鮮南部一個貧困的農家，小學沒畢業就遠離家鄉打工謀生。一九四〇年，他憑自己的一點積蓄，開辦了一家修理小店。一九四七年，他創辦了現代土木建築社，不久便擴展為現代建設集團。

在他的領導下，只花了短短19年的時間，現代建設集團已經一躍成為南韓建設業的霸主。他曾經用10分鐘時間，就擊敗了所有競標對手，得標興建了號稱韓國「檀君」開國以來最大的工程。

自此，他得到一個不太好聽的名號——「阿拉斯加來的土匪」。這位名不見經傳的山村無名小輩是一個不講規矩，態度粗野的土匪嗎？就因這一點，已令那些歐美巨子心驚膽戰！

「世紀工程」的招標還沒正式開始，各路豪傑已在暗地裡頻頻施招，互相鬥法了。

一天，鄭周永的好友、大韓航空公司社長趙重勛突然登門造訪。

老友異國相逢，顯得格外親切。趙重勛盛情邀請鄭周永去喝酒敘舊。鄭周永推辭不掉，只好從命。

他們找到一個幽靜的小單間，邊喝邊聊起來。酒過三巡，趙重勛突然說：「鄭兄，這樁工程可是一塊難啃的骨頭呀！」

「再難啃，我也有信心將它搶到手！」鄭周永胸有成竹。

「咳——你何苦非要冒這個險呢！」趙重勛壓低嗓門：「只要你肯退出，就能得到一大筆補償金，何樂而不為？」

鄭周永暗吃一驚，已覺察到對方的來意，卻不動聲色地問道：「有這樣的好事？」

趙重勛以為他已動心，便乾脆把話挑明：「不瞞老兄，是法國斯比塔諾爾公司委託我來勸你的。他們說，只要你宣布退出，他們立刻付給你一千萬美金。」

鄭周永暗暗冷笑：法國人也太小瞧我了！這點小錢就想打發我退出！他沉吟了一陣，想出了一條妙計。

「趙兄的好意，小弟心領了。但這樁工程，我還是爭定了。」

「唉！兩頭都是朋友，我也是為你們著想。」趙重勛聽了，不免有點失望。

接著，鄭周永舉杯一飲而盡，致歉道：「趙兄，失陪了！我還有緊急的事要辦。」

「什麼緊急的事？我能幫忙嗎？」

「唔……還不就是為那一千萬保證金……」鄭周永話到半途，突然煞住，站起身來，匆匆與趙重勛握手告辭。

從趙重勛口中，法國人得知鄭周永的意向，便開始推估他的投標報價。按照投標規定，得標者需要交工程投標價格的2%做保證金。由此，他們判定，現代建設集團的投標報價可能在20億美元左右，最少也在16億美元以上。

然而，這正是鄭周永的心計所在——他故意設計通過朋友的嘴，給對方一個「信息」。

在止期間，他已頻頻利用「假情報」，施放煙幕彈，擾亂其他競爭者的陣腳。

一天，鄭周永那間封閉、保密的會議室中燈火通明，氣氛緊張。他正和助手為決戰做最後的準備。

在報價問題上，鄭周永甚是煞費心機。他仗著自己旗下的現代重工業及造船廠等大企業能夠提供大量廉價的裝備和建材，在巴林又早已建立起「橋頭堡」，決心使出殺手鐧「傾銷價」，以超低標價擊敗所有的對手。

起初，他經過分析和借鑒國外建設工程價目表，初步擬定了總體工程報價為12億美元。這個數字立即得到所有隨從高級幹部的贊同。

爾後，經過再三思慮，他對初始報價12億美元先後進行了25%和5%的兩次削減，最後定為8.7億美元。

對此，他的高級助手田甲源出聲反對。他認為，削減到25%，即9億美元就可以了。但鄭周永一意孤行。他判定，投標報價，不同於各類比賽，它只有第一名，沒有第二名，想取勝，報價一定要有充分的競爭力，尤其是在大型項目上，更要取得十拿九穩的把握。

一九七六年2月16日，鄭周永與他的現代建設集團面臨走向世界的關鍵一刻。

投標開始了。鄭周永一行來到會議廳，同其他對手一樣，懷著忐忑不安的心情，焦急地等待著最後一刻的到來。

現代建設集團的投標代表是田甲源。然而，這位肩負重擔的代表竟自行其是，在投標價格表上填上9.3114億美元。填完報價數目之後，他便悄悄溜進工程投標最高審決機構辦公室。

辦公室裡的工作人員緊張地忙碌著，整間辦公室就像一張巨大的針氈。田甲源坐也不是，站也不是。

當他聽到主持人報出美國布朗埃德魯特公司的報價9.0444億美元時，剎那間，臉色蒼白得像聽到了死刑的宣判。

他踉踉蹌蹌地走到鄭周永面前，嘴裡嘟嘟嘍嚎地說：

「鄭董事長的決定是對的……我……我沒有按您的意思辦，結果比美國人多……多了近三千萬美元。我……」

見到田甲源半死不活的樣子，鄭周永真想給田甲源二記響亮的耳光。然而，這裡畢竟不是韓國，而是「世紀工程」的招標會議室……

火攻計

釋義

火攻計是《孫子兵法》中的精闢戰法之一，攻敵時用之，可收事半功倍之效。它是古今中外許多著名的軍事家喜用的兵法。

火攻可分為五種：「一為火人，二為火積，三為火輜，四為火庫，五為火隊。」使用火攻，必須具備天時、地利、人和，還要有兵馬配合，否則很難達到預期的效果。在三國時代，火攻的戰例甚多。

謀略典故

這個智謀見於《三國演義》八十四回『陸遜營燒七百里，孔明巧布八陣圖』。

講的是：劉備聞關羽被殺，率70萬大軍伐吳。面對劉備的強大攻勢，陸遜避其鋒芒，忍辱負重，細心觀察，巧使火攻，借風勢，火燒蜀軍。幸而有從川中趕來的趙雲搭救，劉備方逃脫性命。但他就此一病不起，最後病死於白帝城。

典故名篇

❖ 俄海軍施火攻術

18世紀中葉，葉卡德琳娜即沙皇之位後，繼承了歷代沙皇對外擴張的政策。她竭盡全力，意圖進入黑海。但因當時實力強大的土耳其橫梗其間，她的野心受阻。為此，她決定對土耳其開戰。

一七六九年8月，俄軍波羅的海艦隊的一部分在斯皮里多夫將軍和埃爾芬斯通將軍率領下，準備通過地中海，進入愛琴海。這是一次異常危險和艱難的海上遠征。一七七〇年5月，俄國遠征艦隊終於克服千難萬險，到達愛琴海，與土耳其海軍對峙。

土耳其在愛琴海的軍事力量遠遠超過遠來的俄國艦隊。俄國艦隻在數量上處於絕對劣勢，供應和補充的組織也十分薄弱，登陸部隊更少。但是，土耳其人一直認為，葉卡德琳娜派遣一支艦隊環繞歐洲，駛入地中海，實為不可思議之舉。因此他們根本沒有做多少應戰的準備。從心理到軍事上，土耳其人都處於一種渙散無備的狀態。

面對驟然而至的俄國遠征艦隊，土耳其海軍猶豫不決，舉棋不定，毫無決一勝負的勇氣和熱情。力量相對弱小的俄國艦隊卻果斷非常，一遇到土耳其艦隊，就決定立刻進攻。強大的土耳其艦隊未經激烈的戰鬥，就後撤到自己的炮兵陣地前，甘居守勢。

俄國海軍趁這一寶貴的時機，迅捷而從容地部署兵力，調整陣容，做好所有戰鬥準備。相對地，土耳其艦隊的部署卻極為死板。他們的情報工作又很拙劣，弄不清俄國海軍的部署狀況，因而也無法根據俄軍的情況，重新部署兵力。土耳其的海軍將領大部分對本身的職務一無所知，士兵的素質也不高。有幾個艦長在戰鬥沒打響之前就逃上岸。

一七七〇年7月5日上午11點多，切斯馬戰役開始。俄國艦隊進入陣地，排成一條長而不規則的陣式。戰鬥打響之後，土耳其人倉皇失措，砍斷錨鏈，逃入切斯馬灣。俄海軍以很小的代價，贏得了第一場戰鬥的勝利。

土耳其艦隊一退入切斯馬港，即躲藏起來再不應戰，它們靠海岸炮兵的掩護，想阻止俄海軍的進攻。

俄國遠征艦隊統帥詳細而周密地分析了戰場的情況：俄軍遠道而來，給養不多，難以持久作戰，不宜與敵人長期周旋、消耗。土耳其人也非常清楚這一點，因此他們現在的策略是據險防守，避而不戰，把俄軍拖垮。俄軍統帥卻看出，土耳其人的策略一方面給俄軍帶來不利，另一方面也給俄軍帶來益處。因為土耳其軍隊只守不攻，無所作為，實際上是自縛手腳，使俄軍得以不斷按計畫採取功勢。最後，俄軍司令決定：主動向隱蔽於港口內的土耳其海軍進攻，速戰速決，一舉摧毀土耳其艦隊。

7月5日晚，俄國艦隊首先封鎖了切斯馬港口，然後用艦上的重炮連續兩夜轟擊港內的土耳其部隊。

對於一支隱蔽在港口內，由海岸炮兵掩護的龐大艦隊，一般是不宜輕率進攻的。但俄國軍隊透過周密的策劃，於7月6日夜向土耳其艦隊發起攻擊。

一批俄國水兵在俄艦密集炮火掩護下，用十槳船將4條縱火艇拖到4艘土耳其軍艦旁邊，然後點燃縱火艇。火焰迅速延燒到敵船。俄國水兵跳上十槳船，迅速撤離。土耳其軍艦燃起了熊熊大火，切斯馬港內頓時陷入一片混亂。

這時，俄軍全面進攻開始。「歐羅巴」號等3艘軍艦突入切斯馬港；「娜傑日達」號、「阿非利加」號分別攻打港口北面和南面的炮兵陣地，使土耳其炮兵無法發揮作用；其餘俄艦則部署在港口前面，封鎖港口，以防土耳其艦隻逃走。

處於混亂、驚恐狀態下的土耳其軍艦處處挨打，很快，三、四艘軍艦起火爆炸。俄軍繼續派縱火艇焚燒土艦。當夜狂風大作，火勢急速蔓延，土軍艦船一艘艘燃起了大火，彈藥的爆炸聲驚天動地，一直持續了好幾個小時。土耳其人完全喪失了鬥志。

7月8日上午8時，俄軍以11人死亡的代價，贏得了切斯馬戰役的全勝。土耳其艦隊被徹底消滅。這是土耳其從一五七一年以來二百年間，最大的一次慘敗。

❖ 薩達姆海灣放油

一九九〇年8月2日，伊拉克入侵科威特，引起國際社會的強烈譴責。全世界大多數國家對伊拉克實行經濟制裁，以美國為首的多國部隊實施「沙漠之盾」作戰計畫，欲迫使壓伊拉克撤兵，恢復科威特的合法政府。面對聯軍的優勢兵力，薩達姆・海珊採取各種拖延戰術。

一九九一年1月15日。海灣戰爭爆發後，多國部隊向伊拉克發動猛烈的轟炸和導彈襲擊，為地面進攻做準備。

薩達姆這才意識到他的拖延戰術已失去效力。為了阻止多國部隊從地面進攻伊拉克，薩達姆決定以石油為武器，在陸地、海面上設置火障「阻止多國部隊的進攻。

薩達姆從三個方面實施他的「石油武器」計畫：

首先，他命令伊拉克士兵在1月22日將科威特境內的油井和儲抽設施炸毀。頓時，科威特境內幾百口油井大火沖天，濃煙滾滾。薩達姆想以「火障」阻止多國部隊的地面進攻。

其次，他命伊拉克士兵向波斯灣傾倒幾十萬桶石油。從1月23日到28日，海灣的原油帶已有56公里長、16公里寬，並以每天24公里的速度向南擴展。

最後，他命士兵在科威特境內的伊拉克陣地前沿挖了一條條壕溝，裡面灌滿石油，並在科威特沿海建造了一個石油管道網，一旦美軍進行兩棲登陸，伊軍就可以釋放出燃料，使海面成為火海，壕溝變成火牆，以阻止多國部隊的地面進攻。

但是，多國部隊擁有先進的武器設備、嚴密的作戰組織，使薩達姆的企圖失敗了。在空軍炸毀了伊拉克的「壕溝」之後，多國部隊以推土機開路，順利解放了科威特，並進入伊拉克境內作戰。

一九九一年2月28日，海灣戰爭結束，薩達姆以失敗告終。

像薩達姆這種運用石油作屏障的戰術，確實具有很大的破壞力和防禦力。但多國部隊沒有從海上進攻，海上的石油帶未起作用；陸地上的「火障」、「油溝」也被多國部隊所克服。薩達姆本就因窮兵黷武、殘暴獨裁，受世人唾棄，此時又添上破壞石油設施、污染環境的罪名。

各個擊破

釋義

「各個擊破」在《孫子兵法》中也有所論述。意為：根據敵方的具體情況，進行具體分析，分散其兵力，分別加以殲滅。

商戰中，如果樹敵太多，或競爭對手太多，礙於本身的實力，也宜採取「各個擊破」的手法；在人際關係中，要說服眾多的反對者，「各個擊破」的手法也能奏效。

謀略典故

這個智謀見於《三國演義》八十五回「劉先主遺詔托孤兒，諸葛亮安居平五路」。

講的是：劉備新亡，稱帝不久的曹丕乘機聯絡五路大軍伐蜀。諸葛亮面對強敵，施「各個擊破」的兵法，分別對付五路來犯之敵：命馬超退西番兵；魏延用疑兵計阻擊孟獲；李嚴寫信勸止孟達出兵；趙雲把守陽平關險要，擋住曹真大軍；派使者往東吳說服孫權，使其停止發兵。最終，氣勢洶洶的五路兵馬被諸葛亮兵不血刃地消解了。

典故名篇

❖ 搭車——「借勢」

搭車「借勢」意即：利用重大的政治、經濟、文化和社會事件進行促銷活動，藉以宣傳產品質量，提高企業聲譽。

一九八八年9月17日，第24屆奧運會在韓國舉行。這是一個各種產品宣傳、促銷的大好機會。單說汽車廣告的爭奪戰，其激烈程度就讓人觸目驚心。最後，韓國現代汽車公司不惜花費重金，利用各種手段，大造聲勢，終於戰勝了競爭對手，成為此屆奧運會的正式發起者之一和大會專用汽車供應廠家。

現代汽車公司為了迎接奧運會的召開，提出了這樣的口號：「舉辦奧運會的國家是一等國家，奧運會使用的汽車是一等汽車，生產一等汽車的公司是一等公司，一等公司的員工創造的好成績是一等成績。」並動員上上下下的職工，緊緊圍繞著「為奧運會服務，向世界露臉」這一宗旨，開展了一系列工作。

為了此屆奧運會，現代公司投資了523萬美元，並為漢城奧運會組委會提供了一支龐大的服務車隊，這些車的前後窗顯著的位置都貼上現代公司的特製圖案。一支支車隊在大街上行駛，形成了浩浩蕩蕩的流動廣告宣傳品。在奧運會期間，通過一系列活動，現代公司向全世界表現了它的智慧和實力，體現了公司所追求的目標和信念，塑造了良好的形象和信譽。

現代公司在奧運會期間，投入了近一千萬美元資金。奧運會結束之後，其國內外的汽車銷售量大大增加，一步步地把投出的資金又賺了回來。

東西德統一是20世紀的一件大事。在一般人眼裡，政治事件就是政治事件。然而，在精明的商人腦子裡，卻能想出賺錢的點子，挖掘出把產品推入顧客視野的契機。

推倒柏林圍牆，日本西鐵城公司立即覺察到此中有利可圖。他們如此分析：柏林圍牆在規定的時間開工拆除，因而需要一個準確的鐘錶確定時間。於是，公司想方設法，讓西鐵城手錶成為德國統一，推倒柏林圍牆的指定計時錶，從而將小小的一隻錶與這一重大歷史事件聯繫在一起。當世界各地的人都坐在電視機前觀看這一重大場景時，西鐵城鐘錶也進入千千萬萬人的腦海之中，帶來了財源滾滾。

當然，滾滾而來的不僅僅是財富，同時也帶來無形的資產——知名度。此舉真可謂挖空心思，既賺了錢，也賺來了廣大顧客的心。

東歐劇變的另一件影響深遠的大事是蘇聯的解體。台灣某家貿易公司對此高度重視，做了深入的調查和仔細的分析，看出這當中有許多賺錢的機會。他們從前蘇聯購進最後的郵票、代表證、手錶、特殊軍用品，以及印有「蘇維埃社會主義共和國聯盟」的書籍、地圖等等，然後開始了他們的「傷感商品銷售」。公司打出了「揮別蘇聯」、「再見蘇聯」為宣傳主題的海報橫幅，強調印有「蘇聯製造」字樣的產品將從此絕跡，是很值得收藏的紀念品。此招一亮相，果不出公司所料，人們爭相購買、收集這些「絕跡品」、「絕版物」，希望將來奇貨可居。這家公司因此大大賺了一筆。

隨著人類生存環境的日趨變化，一種旨在改善生活質量的消費觀念——「綠色消費」應運而生。廣大消費者正日益青睞既無污染又有益於身心健康的「綠色商品」。與此相適應，商業領域也出現了「綠色營銷」的概念。

所謂「綠色營銷」戰略，是指企業以減少，進而消除產品對環境的不良影響為中心所展開的市場營銷實踐。它的內容包括以下三個方面：首先，企業在選擇生產技術時，應考慮儘量降低對環境的不利影響。也就是說，在選用生產原料和產品製造的過程中，應符合環境標準。其次，企業在進行產品和包裝設計時，應儘量降低商品包裝或商品使用的殘餘物，以減少商品對環境的污染。再次，企業應積極引導消費者，在商品的使用過程中，儘量降低對環境造成的不利影響。

「綠色營銷」戰略的著眼點是利用環保問題，引起公眾和社會的注意，擴大企業知名度，以推銷產品。

先發制人

釋義

「先發制人」意為：先動手制服敵方，免得因遲了一步，反被對方制服。古今中外，先發制人的經典戰例很多。《兵經百字·上卷智部·先》中記載：「兵有先天，有先機，有先手，有先聲……先為最，先天之用尤為最。能用先者，能用全經矣。」古代軍事家十分重視先發制人；現今世界，大自戰爭、政治、經濟，小及各種運動競賽，「先發制人」仍是爭取勝利的第一要素。

謀略典故

這個智謀見於《三國演義》九十四回『諸葛亮乘雪破羌兵，司馬懿克日擒孟達』。

講的是：魏明帝太和元年，魏國新城太守孟達密謀反曹，暗中還得到孫吳和劉蜀的支持。司馬懿聞知，迅速做出反應。他未按常規，卻採先斬後奏，先發制人的兵法，突襲了新城，逼得孟達部將鄧賢和李輔開城門投降。司馬懿揮師攻入城中，斬殺了孟達。

典故名篇

❖ 日本偷襲珍珠港

太平洋戰爭爆發前，日本在亞太地區不斷擴張，影響了美國在這一地區的利益。美國為遏制日本的擴張，宣布對日實行禁運。生產嚴重依賴進口的日本，在美國的禁運政策下，經濟受到沉重的打擊。日本政府意識到，若想在亞太地區擴張自己的勢力，勢必要搬掉美國這塊絆腳石。

日本海軍大將山本五十六是極力主張向美開戰的領導人物。他曾留學美國，對美國發達的生產力水平深有體會。為此，他評估，日本欲向外擴張，勢需與美國一戰。日美開戰，日本應速戰速決，不能同美國打消耗戰。為此，在他主持下，日軍制定了偷襲美國珍珠港的作戰計畫。由於美國十分強大，日本人對同美國開戰顧慮重重，這項計畫幾經討論、修改以後，才由天皇批准執行。

日本政府對即將開始的侵略行動以及一切軍事企圖特別注意保密，嚴格限制外交公文的往來，對其同盟國也沒有透露。在日軍偷襲珍珠港之前，連德、義兩國政府都不知道日軍的行動計畫。

為了避免暴露自己的意圖，日本艦隊沿著很少有商船航行，位於美國巡邏飛機活動半徑以外的水域前往珍珠港。航行途中，艦艇完全保持無線電靜默。在瀨戶內海停泊的艦隻和九州地區的航空兵部隊進行假無線電通信，表明日本艦隊的位置仍在日本水域。

為了麻痺美國人，日本人繼續與美國政府進行外交談判，並且降低了與美國人討價還價的籌碼，擺出一副誠心和美國和好的姿態。與此同時，日軍劍已出鞘，龐大的日本艦隊正無聲無息地駛往美太平洋重要的海軍基地——珍珠港。

天真、自以為是的美國人此刻還蒙在鼓裡，怎麼也沒想到日本的襲擊會從天而降。

一九四一年十二月七日星期天早上，天氣晴和。軍艦整整齊齊地停在軍港裡，艦上的士兵大都上岸休假去了。岸上也一片寧靜。

日本飛機突然從天空鑽出，對著珍珠港就是一番狂轟濫炸，全港頓時變成一片火海。美國軍艦被炸沉海底，油庫，火藥庫也成了日本飛機的靶子。慌慌張張爬起的美國人像沒頭蒼蠅般在地上亂跑，很多人不明不白的就丟了性命。美國人完全被突然而至的日本人給打懵了，根本沒有還手之力。

日軍此次突襲達到了預期的效果，非常成功，僅付出很小的代價就基本上全殲了美軍太平洋艦隊，使美國在最初對日本的戰爭中，一直處於被動的地位，直到中途島海戰才出現轉機。

❖ 青出於藍而勝於藍

一九七七年，尼克森政府經不住蘇聯的苦苦糾纏，批准向蘇聯出售價值二千萬美元的164台布賴特磨床。

這是一種高精度的滾珠磨床，能生產針頭大小的微型滾珠軸承，誤差不超過一吋的兩千五百萬之一，可以廣泛應用於精確的導向裝置、光學記錄裝置，以及各種地面、海上、空中和太空武器上。

為了保護這種尖端科技，美國政府在過去的12年間，一直拒絕向蘇聯出售。

蘇聯買到這種磨床之後，立即用來改進洲際飛彈的導向系統，並取得驚人的成果。在此之前，蘇聯最先進的SS型飛彈雖然具有極大的衝擊力，但命中目標的誤差往往達3哩以上。使用美國磨床生產的滾珠之後，蘇聯的新式SS一18型飛彈大大提高了中靶率，誤差不超過50呎。

這樣一來，美國發射中心的數千枚飛彈立即成了挨打的目標。為了對付蘇聯的新式飛彈，美國不得不動用六百億美元巨資，製造MX型機動飛彈。

蘇聯透過正常貿易渠道，從西方國家獲取高級技術的門道當真精明得很。他們善於利用各種手段和機會，以「民用」為名，從西方進口設備、物資和技術，然後用於軍事目的。

在科學技術高度發達的現代，民用和軍用的界限委實太模糊了。比如說，鐳射光既可用來治療癌症，也可用來截擊衛星。微型元件和微型處理機可用於汽車、手錶、家用電腦、微型烤箱和電子遊樂器，也可用於飛彈導向系統、自導武器和衛星通訊。

蘇聯從60年代末開始，就已充分認識到西方民用技術的重要軍事價值，於是就鑽了西方國家對民用技術出口控制不嚴的路子，打著民用的旗號，從西方進口了大量機器設備、先進產品和技術。

與此同時，蘇聯培養了一批抄襲西方技術或把西方產品改頭換面之後轉為軍用的高級專家。這是一支出類拔萃，擅長「移花接木」的隊伍。他們把進口的空中交通控制系統改造成飛彈導向裝置；把能源鑽探技術用於製造穿甲武器；把船舶航行定向裝置裝上飛機和軍艦，追蹤西方國家的潛艇；把用於民航系統的電子設備改裝成飛彈導向電腦……填補了蘇聯技術領域中的一個個重要空白。

一九七七年，蘇聯向西班牙一家海運公司購買其發明的「福蘭」系統技術。「福蘭」系統是一套電腦程式，它能直接產生船形、進行方案設計的計算和得到製造船身外殼所必需的資料與圖案，是當時海洋工程方面最重大的技術革新之一。

蘇聯購買這種技術，所持的理由是發展民用造船技術。但是，買到這種技術後，它很快就轉用於製造軍艦。

70年代中期，蘇聯造船廠從日本購買到大型浮動船塢。後來，這種船塢被分配到蘇聯太平洋艦隊和北海艦隊，用以修理軍艦和基輔級航空母艦。

80年代末期，蘇聯先後從日本進口18台機器人。日本人後來發現，蘇聯把這些機器人配備到潛艇上，而這種潛艇就移駕到日本海的海底來活動了。

一九八二年7月，美國前國防部長溫伯格在《華爾街日報》上撰文章指出，蘇聯人打著民用的招牌，在60至80年代購買了許多電子技術。美國的官僚機構對這種危險毫無覺察和防備，終使得蘇聯人得以建立一批祕密的電子產品工廠。

蘇聯還善於利用並擴大西方國家之間、各公司之間的矛盾和競爭，突破對方的薄弱環節，打破其技術封鎖。對於美國和西歐國家之間的矛盾，蘇聯更是大加利用。

美國要求西歐各國和美國一起限制對蘇出口，但西歐各國基於自身的利益，不願和美國保持完全一致。

這樣，蘇聯就極容易找到機會：美國禁止向蘇聯出口的東西，它可以透過公開或祕密管道，以高價從西歐各國買到。

一九七八年，美國政府拒絕批准美國蘭德電腦公司向蘇聯塔斯社出售一台價值七百萬美元的通用電腦，理由是這種電腦可轉為軍用。但是，蘭德公司不久就發現，蘇聯已悄悄從法國公司購買到一台同類電腦，出價一千八百萬美元。

另一家美國公司西里爾・巴士公司和蘇聯簽訂了出售金屬壓彎機的合同。當局以這種機器顯然能用於製造機翼為由，駁回這家公司的出口申請。巴士公司到處奔走，上下游說，磨了很長時間的嘴皮才爭得出口許可證。可是，蘇聯早已向法國買到同型機器。

蘇聯的這一手常常弄得西方國家互相爭吵，公司之間彼此齟齬，公司和政府之間矛盾加劇。

美國政府官員不時指責西歐各國「太過短視」，「兩眼只會盯著錢，卻不顧大局和長遠的威脅」。

美國財政部高級官員私下抱怨：「在歐洲，人們對蘇聯人竊取技術這類戰鬥談得很少。而對我們來說，這是用另一種武器所進行的新的越戰！」

美國公司則指責美國政府：「眼睜睜地讓西歐和日本人從我們口袋裡搶走生意，真是蠢到了極點！」

據西方經濟合作與發展組織統計，在一九八四年以前的十年中，西方向「蘇聯集團」轉移的技術價值上百億美元。從一九七〇～一九八三年，西方向「蘇聯集團」出售了大約五百億美元的工業設備，相當於蘇聯現有機器設備的5～6%。通過進口西方的專業知識和技術，受益最大的是蘇聯的國防工業，特別是航空和飛彈生產方面。受益次大的其它方面有發動機生產、化工、石油、紡織、電子等技術。

拿不到就「偷」——這是蘇聯獲取西方工業技術情報最絕，也最卑劣的一招。

一九八二年初，蘇聯利用聯合國原子能委員會，在莫斯科組織了一個國際討論會。許多西方國家都派代表參予這次會議，其中有些人是為了到蘇聯探蘇聯科學家對原子能研究的底。日本的四名代表就帶有這種目的。他們是由日本兩家在原子能研究方面居於領先地位的公司所派出。

誰知道，他們不僅沒有摸到蘇聯的底，反而受到蘇聯人的算計。

討論會結束後，四名日本代表應邀乘夜班快車去列寧格勒參觀。

火車剛開動不久，就有一種奇特的氣體微微飄進他們的包廂，使他們很快就酣然入睡。等他們醒來，發現他們的公文包竟然都已不翼而飛。公文包內裝有他們的身分證和有關原子能研究的機密資料。這些資料是他們帶來參考、對照的，在會上一點也沒有表露。他們趕緊向蘇聯警方報案，要求火速追回公文包。蘇聯警方表現出十分重視的樣子，答應立即追查。

等日本代表一回到莫斯科，蘇聯警方就趕來告訴他們，偷他們的公文包的「小偷」已經抓到，四人的證件均已找回。

遺憾的是，資料都被無知的「小偷」拋棄了。

日本人明知道蘇聯人有意竊走他們的機密資料，但無可奈何。

同年6月中旬的一天，冰島附近平靜的海面下，美國海軍的攻擊型潛艇和一艘神秘的蘇聯潛艇在九百公尺深的海底狹路相逢。雙方立即展開一場激烈的追逐戰。一開始是蘇聯潛艇悄悄跟蹤美國潛艇。美國人發現後，立即掉頭反追。不料，這艘蘇聯潛艇航速快得驚人，三轉兩拐，就把美國潛艇遠遠甩開了。

美國海軍當局不願罷休，馬上動用P—3C獵戶星式反潛巡邏飛機對這隻蘇聯水怪進行全面跟蹤和監視。結果發現，那是蘇聯的一艘新式阿爾法型潛艇，它正在三千呎的深海中以時速42浬的高速行駛。在當時，通常情況下，核子潛艇的深海時速只有30浬左右。深海時速一超過40浬，當時的魚雷、水雷都無法對它進行攻擊，因為存在強大的水壓。美國海軍當局發現蘇聯擁有這種高速潛艇，大感震驚。因為這樣一來，美國的海軍戰略不得不從根本上全面更新。

據研究，要製造出能在深海中高速行駛的潛艇，用通常製造潛艇的鋼鐵材料絕不可能，必須使用鈦合金。而在當時，連美國海軍也還沒有製造出鈦合金的潛艇，主要原因是鈦合金的銲接技術問題還沒有得到很好的解決。那麼，蘇聯是如何掌握鈦合金銲接技術的呢？美國國防部和中央情報局都急於查明這個問題。

調查結果表明，蘇聯掌握的鈦合金銲接技術很可能是從日本人那兒偷去的。事情要追溯到四年前。

一九七八年，四年一次的世界鈦學者國際討論會在莫斯科舉行。

日本學者在會上論述了有關鈦合金銲接技術的研究成果，引起與會者的強烈興趣。蘇聯學者對此興趣更大，會後紛紛跑到日本學者下榻的飯店拜訪，以進行學術研討為名，追根究柢地套取有關欽合金銲接技術的詳細資料。

日本學者以為這是正常的學術交流，因而沒有怎麼在意。誰料到，蘇聯居然根據日本學者提供的線索，很快攻克了鈦合金銲接技術的難關，造出了鈦合金潛艇。

美國情報專家還進一步獲悉，蘇聯正在改進阿爾法潛艇，解決它聲音共鳴的問題。改進後的阿爾法潛艇將使用特殊的凝固電池，聲響小，時速可達65浬，成為一種「超高速潛艇」。

美國的鈦合金學者得知這些情況，大為懊惱，卻只能大呼無奈。

空城計

釋義

空城計是《三國演義》中特別精彩、特別耐人尋味的一個計謀，為後人所津津樂道。它是一種「虛而虛之」的心理戰術，在戰爭的緊急關頭和力量懸殊的情形下運用。意為：故意以空虛無兵之勢向敵示威，使敵頓覺其中有詐，因害怕埋伏而中止進兵。施計者藉此達到脫離危難境地的目的。

謀略典故

這個智謀見於《三國演義》九十五回『馬謖拒諫失街亭，武侯彈琴退仲達』。

講的是：諸葛亮錯用馬謖，丟失街亭，導致魏將司馬懿乘勢引15萬大軍朝西城攻來。此時，諸葛亮身邊沒有大將，只有一班文官，所帶五千人馬，也有一半運糧去了。聞司馬懿攻來，眾人大驚失色。諸葛亮卻胸有成竹，用計應對來兵。他擺下空城計，讓司馬懿深疑其中已埋下陷阱，急令退兵。

典故名篇

❖ 畢再遇金蟬脫殼巧退兵

南宋抗金名將畢再遇以智謀聞名。一次，他率軍與金兵對壘，久戰不決。金兵援軍趕到，兵力十倍於宋軍。畢再遇見勢不可為，準備退兵。

但是，應如何退兵？畢再遇苦思良久，終於想出一計。首先。他傳令軍中備下三天份乾糧，由士兵自帶身上。營帳，旗幟一律不動。又傳令手下找來幾隻活羊，將牠們後腿吊起，前腿放在更鼓上縛好。

至夜深，畢再遇傳令，馬勒嚼鏈，兵士銜枚，不准點火，悄然集合，一隊隊趁夜幕掩蔽，向南撤退。

這一邊，金兵主帥先前已傳令附近兵馬速來增援。大軍一到，他稍事休整，決定次日發起攻擊。但他知道畢再遇智謀非凡，形勢對宋軍不利，畢氏必會謀路撤退。於是他派出多路哨兵，盯住宋營，要他們一旦發現宋軍撤退的跡象，馬上來報告。

哨兵們接到命令，一個個都找好位置，向宋營瞭望。只見夜色下，宋軍像往常一樣，入夜後即滅燈入睡。宋營旗幟依舊，並不時傳來「咚咚」的更鼓聲。

原來，畢再遇退兵前，已讓手下放開羊前腿。羊被吊疼了，便四蹄掙扎，前腿蹬得更鼓「咚咚」直響。蹬一陣子，羊累了，便停下來。過一會兒，羊有了勁，又掙扎，更鼓再次響起。遠遠聽了，活像人在打更一般。

更鼓響了一夜，天亮之後遠遠望去，宋營旗幟仍在，故而金軍哨兵也未去報告主帥。

太陽一出來，金兵主帥下令，吃飽飯後全線攻擊，務必一舉殲滅宋軍，活捉畢再遇。而後，他上了高坡，向宋營瞭望，備做具體部署。太陽老高了，宋營中卻不見人影，只看到不少一些烏鴉落在營帳上。情況反常……金兵主帥忙令哨兵貼近觀察，才知道宋軍已悄然撤走，留下一座空營。

誘敵深入

釋義

「誘敵深入」意為：充分利用地形，詳盡地掌握敵情，激怒驕縱的敵人，使其麻痺大意，輕舉冒進，脫離後續部隊。此時，施計的一方即可在事先做好埋伏的部署之下殲滅敵人。在《三國演義》中，不乏誘敵深入的成功戰例。若能領悟其精神實質，必有助於我們在當今的政治、經濟和管理中創造出贏的局面。

謀略典故

這個智謀見於《三國演義》一百零一回『出隴上諸葛妝神，奔劍閣張郃中計』。

講的是：諸葛亮五出祁山，裝神弄鬼，割取了隴上的麥子。駐守永安的李嚴因軍糧籌措得不如人意，就製造了東吳攻蜀的假消息。為保大本營，諸葛亮在木門道設下埋伏。之後，令魏延和關興佯敗，誘張郃脫離後續部隊，在木門道萬箭射殺張郃和其手下一百多名部卒。

典故名篇

❖ 包玉剛的目的是什麼？

一九六一年，在香港會所藍廳，世界船王包玉剛和英國匯豐信貸部主管桑達士會面。他們已經是相當熟稔的老朋友。寒暄之後，包玉剛指著牆上掛著的一幅描繪早年英國商船停泊在維多利亞港的油畫，話鋒一轉：「桑達士先生！英國在世界上稱雄稱霸，殖民地遍布全球，被稱為『日不落帝國』，靠的是什麼？」

桑達士一聽，愣住了。他不明白包玉剛為什麼這樣問。

沉默了一會兒，他試探地反問道：「是因為有堅固的船隻和威力無窮的大炮嗎？」

包玉剛點頭：「是堅固的船隻。這最為重要。但是，時代變化迅捷。日本在戰後並沒有一蹶不振，而是埋葬痛苦，急起直追。他們現在造出來的船，並不比歐洲的差。」

「但他們的一切畢竟都是從歐洲學到的，論經驗、技術，他們只能算是小學生。」

「你有所不知啊，」包玉剛娓娓道來：「桑達士先生！目前日本船的設備、性能已達到歐洲的水平，售價卻便宜了三分之一，而且有完善的售後服務。保養期間，船廠包辦一切維修費用。只要是他們賣出的船，不管在哪個港口拋錨、出了毛病，他們都會立即派出工程師，乘飛機趕過去修，費用也是他們全包。另外，他們是把船造好了，送到買主手上才收錢。日本人這些做生意的手法，對船主有很大的吸引力。」

桑達士聽著包玉剛一個勁兒誇日本人，不知他葫蘆裡賣什麼藥，但預感到他肯定是有某種企圖，因而並不作聲，聽他繼續講。

「日本人雖然造船水平大有進展，但他們並不想擁有船，因為他們籌集外匯有困難。另一方面，他們的船隊要掛本國旗，使用本國船員，但日本國的人工比香港貴三倍，所以他們寧願租船用。」

桑達士終於接過話頭：「所以，你這些年多跟日本人做生意。」

包玉剛微微一笑，說：「在香港搞航運，有很多有利的因素。像英國、美國、日本這些國家，在國際上有不少敵人。搞航運，有太多敵人，就會受到限制。香港是個自由港，任何國籍的輪船都可以進來；同樣，我們也可以擁有任何國籍的輪船，掛任何國家的國旗。只要對我們有利⋯⋯」

桑達士不禁為包玉剛的分析所折服，對他平添幾分敬佩之心。

包玉剛見他不作聲，知道他對自己的話產生了興趣，便打蛇隨棍上：「桑達士先生，我想向日本公司訂造一條船，排水量七千二百噸，船價一百萬美元。我已經和日本一家公司談妥，由他們把船造好之後租給我們，期限五年，第一年租金75萬美元。我想向你借這個數。」

桑達士這才恍然大悟：原來包玉剛拐了這麼一個大彎，目的是為了借錢。當然，毫無疑問，包玉剛的目的是不會落空的。

❖ 空前未有的大籌資

尤伯羅斯，在美國算不上資力雄厚的大亨。他小時候家境不好，直到大學畢業還求業艱難，四處碰壁。他邁出創業的第一步，就虧損了10萬美元。後來，他開辦了一家運輸諮詢公司，為各家中小型航空公司、輪船公司、飯店訂票，終於有了一筆可觀的收入。一九七八年，他才辦起了一個規模較大的「第一旅遊公司」。

一九八四年7月，第23屆奧運會在美國洛杉磯市舉行，籌備工作出現了危機。

許多人記憶猶新：一九七六年在加拿大蒙特利爾舉行的第21屆奧運會虧損10億；一九八〇年在蘇聯莫斯科市舉行的第22屆奧運會，耗資90億美元，虧損更大。難怪洛杉磯市拒絕承辦。國際奧委會召開緊急會議，決定同意奧運會的經費不由主辦城市負責，採取商業化的方式籌集資金。奧運會籌備小組經過反覆篩選，最後選中了尤伯羅斯。

尤伯羅斯起初也有點猶豫。在奧委會多次盛情邀請下，他才決定「誘敵深入」，把「第一旅遊公司」以一千四十萬美元賣掉，冒險去幹一下。

籌資的第一步，他把奧運會的電視轉播權當成專利拍賣，提出的最高標價是成億美元。他親自出馬，到處游說，結果竟然籌集到2.8億美元。

籌資的第二步，他設法讓各大公司進行更多的贊助。他利用各大公司想通過贊助，提高知名度的心理，規定本屆奧運會正式贊助單位只接受30家，每行業選擇一家，每家至少贊助四百萬美元，贊助者可取得本屆奧運會某項商品的專賣權。為此，各大公司競相贊助。這樣一來，他又籌集到3.85億美元。

在吸引照相膠捲公司贊助時，美國的柯達公司自恃是全世界最大的公司，討價還價，不願出四百萬美元。尤伯羅斯果斷地把贊助權和專賣權賣給日本的富士公司，因富士公司願出七百萬美元。

消息傳出，柯達公司十分懊悔。結果，它花了一千零一萬美元，買下了ABC電視台在奧運會期間的全部膠捲類廣告時間，封鎖了富士公司的這一支電視廣告。

奧運會開幕時，要從希臘的奧林匹克村把聖火空運到紐約，再傳至全美國的41個城市和近一千個鄉鎮，全程1.5萬公里。尤伯羅斯利用大多數人能舉奧運會火炬一跑，為人生難得之機會的心理，規定參加接力者每跑1公里，需交納三千美元。僅此一項，又讓他老兄籌集到了三千萬美元。

此外，他還想出了許多奇奇怪怪的點子，如設立「贊助人票」，製作各種紀念品等。

總之，他通過各種渠道，為奧運會籌集了一切能籌集到的資金。

尤伯羅斯終於勝利了。奧運會閉幕時，他獲得了9.3萬名狂歡的觀眾經久不息的掌聲。他沒有花政府一分錢，沒有虧損，沒有負債，反而盈餘1.5億美元。

忍辱負重

釋義

「忍辱負重」意為：忍住怨氣和誹謗，承受屈辱，擔負重任。一個胸懷博大的成功人物，必然能屈能伸，剛柔相濟，能夠以國家和民族利益為重，為此承擔重任。從古至今，大凡有才華的英雄，都具有這種精神。尤其是國家民族面臨危難時刻，更能檢驗出一個人是否具有英雄本色。在當今的市場經濟大潮中，有些經營者為了舉上成功的高峰，也必須忍辱負重，為了達成偉大的目標而奮戰！

謀略典故

這個智謀這個智謀見於《三國演義》一百零三回『上方谷司馬受困，五丈原諸葛禳星』。

講的是：孔明六出祁山，親率大軍駐五丈原，令將士挑戰躲在渭北寨內的司馬懿。司馬懿忍受了孔明差使者送來婦人服飾的羞辱，堅不出戰，並問來使孔明的寢食及工作情況，得悉孔明食少事多，推知其應不久於人世。不久，孔明果然積勞成疾，病逝。

典故名篇

❖ 蔡鍔的消沉與出逃

在特殊情況下，可用聲東擊西法進行偽裝，以掩蓋自己的真實意圖。「風流將軍」蔡鍔忍辱負重，巧妙逃脫袁世凱的魔掌，組織護國軍討袁，就是其中一例。

蔡鍔是一位思想進步的愛國軍事家，對袁世凱竊取辛亥革命的勝利果實十分不滿。袁世凱因此對他懷著很深的戒心。為了控制蔡鍔，一九一三年，袁世凱將他調至北京，加以監視。蔡鍔知道袁世凱對自己處處防備，所以，在北京期間，他一面暗中與反袁力量祕密聯繫，一面裝愚弄拙，巧妙地與袁周旋，以麻痺袁及其黨羽。

在袁世凱面前，他有時故意語無倫次，一問三不知。

一天，袁世凱的一個黨羽拿出一本贊成帝制的「題名錄」放在蔡鍔面前。對這突如其來的「考驗」，蔡鍔急中生智，揮筆大書「贊成」二字。此後，他還經常與一班帝制派人物廝混，打得火熱。

為了早日逃脫袁世凱所設置的樊籠，他裝作意志消沉，涉足風月場所，結識了名妓小鳳仙。

小鳳仙原是一旗人武官的女兒，父親死後，她無依無靠，淪落風塵。這巾幗粗通文墨，喜吟詩詞，更兼有一副俠義心腸。她慧眼識英雄，對蔡鍔另眼相待。交往久了，蔡鍔也對小鳳仙有所了解，遂結為知己。在小鳳仙幫助下，蔡鍔終於出逃成功，回到雲南，組織了討袁護國軍，打響了向袁世凱政府進攻的第一槍！

❖ 忍痛「斬」功臣

伊藤洋貨行的董事長伊藤雅俊突然把戰功赫赫的部屬岸信一雄開除，在日本商界引起了一次大震動。輿論界紛紛以尖刻的口吻批評伊藤。社會大眾都為岸信一雄打抱不平，指責伊藤過河拆橋。他們猜測，伊藤將三顧茅廬請來的岸信解僱，是因為他的能量已全被榨光，沒有利用價值了。

在輿論的猛烈攻擊下。伊藤雅俊卻理直氣壯地反駁道：「紀律和秩序是我這家企業的生命，不守紀律的人一定要處以重罰；即使會因此減低戰鬥力也在所不惜。」

那麼，事件的真相到底如何？

岸信一雄是由「東食公司」跳槽到伊藤洋貨行。伊藤洋貨行是以從事衣料買賣起家，食品部門比較弱，因此特意從「東食公司」挖來岸信。「東食」是三井企業旗下的食品公司，對食品業的經營經驗豐富。能力強、幹勁足的岸信一到伊藤洋貨行，宛如是為伊藤洋貨行注入了一劑強心針。

岸信的表現的確不凡，貢獻很大，十年間，將業績提升了數十倍，使得伊藤洋貨行的食品部門呈現一片蓬勃的景象。

然而，從一開始，岸信和伊藤之間的工作態度以及對經營銷售方面的觀念即呈現極大的不同。隨著歲月的增加，裂痕愈來愈深。

岸信屬於海派型，非常重視對外開拓，常支用交際費，對部下也放任自流。這和伊藤的管理方式迥然不同。

伊藤走的是傳統的保守路線，一切以顧客為先，不太與批發商及零售商交際、應酬，對員工的要求十分嚴格，要他們徹底發揮他們的能力，以嚴密的組織作為經營的基礎。為此，他當然無法接受岸信豪邁粗獷的做法。

但是，岸信根本不予理會，依然我行我素，而且業績依然達到水準以上，甚至取得飛躍性的成長。這麼一來，他更是充滿自信，就更不肯修正自己的做法了。他說：「一切都這麼好，證明這條路線沒錯，為什麼要改？」雙方的分歧愈來愈嚴重，終致不可收拾。伊藤只好下定決心，將岸信解僱。

這件事不單是人情的問題，也不盡如輿論所說，是兔死狗烹，而關係著整個企業的存亡。對於最重視秩序、紀律的伊藤而言，食品部門的業績固然持續上升，但「治外法權」絕不能持續下去。因為，這樣會毀掉他過去辛苦建立的企業體制和組織基礎。

以這個角度看，伊藤的做法沒有大錯，一家企業的紀律的確不容忽視。

❖籌資無門，聯手打天下

為了籌集資金，開創事業，與別人聯手，甚至與昔日的敵人聯手，以達到自己的目的，這是政治家、軍事家常用的手法。在當今經濟領域的競爭越來越激烈的情況下，走「聯合」發展之路，已成為取勝的有效手段，甚至是必由之路。

馬克斯一斯賓塞公司是英國最大的零售商業公司，專售服裝和食品，它在英國各地開設的商店多達260多家，每年接待顧客一千四百萬人次，盈利達2.4億英鎊。這家產業的創始人最初正是靠聯手創業發跡，最終成為雄居世界著名工商企業之列的大公司。馬克斯一斯賓塞公司的英文名字為Marks & Spencer。從名字可以看出，這家公司的創始人是兩個人，一個叫馬克斯，另一個叫斯賓塞。

馬克斯・西蒙出生於波蘭一個貧苦的猶太家庭。他的母親因難產，很早就離開人間，他是由姊姊撫養長大。19歲時，他已成為一名強壯的青年。強烈的責任感使他感到自己不能再依靠家人生活了。於是，一八八四年，他隻身闖到英國碰運氣。

當他到達英格蘭北部的里茲市，已經身無分文；加之語言不通，其艱辛可想而知。值得慶幸的是，里茲市聚集了很多猶太人，他們很樂意接濟新來的本族人。猶太富商杜赫斯特專做批發百貨的生意。他覺得馬克斯為人忠厚，卻因不懂英語，很難找到職業，便主動借給他5個英鎊，要他做點小買賣維持生活。

要知道，5英鎊在當時可不是個小數字。馬克斯得到這筆「巨款」後欣喜若狂，決定大幹一番。由於語言不通，他在售貨時不好討價還價，所以，他出售的貨物清一色標價1便士，並打出招牌——「不要問價，每件1便士」，以此招攬顧客。

第一步走得不錯，光顧這個露天攤位的顧客不少。他的售貨原則與別人不同：別人總希望早點把貨物賣掉，他卻總是收集各種好貨色放在攤位上，爾後用同樣的價錢出售。他用開架式的陳列方式，讓顧客任意挑選。

功夫不負有心人。兩年後，馬克斯的生意有了一定的發展。他沒有陶醉，立即抓住機會，把「便士市集」開到約克郡和蘭開夏，並聘請一批女孩子當售貨員，他自己則奔跑於各地。由於業務發展太快，他越來越感到資金與能力均不足以應付目前的形勢。

經過冷靜思考，他當機立斷，決定尋求與自己合股的夥伴，以進一步擴大業務。他找到的人就是伊斯利·斯賓塞。

兩人合作之後，伊斯利大力支持西蒙的擴張計畫，一口氣增設了蘇蒙、墨池、連西頓三家分店。此後，「馬克斯—斯賓塞」公司更是一發不可收。特別是在一九五六～一九六六年10年間，公司的年銷售額從1.9億英鎊成長到2.38億英鎊。

緩兵之計

釋義

「緩兵之計」意為：為延緩敵方進攻所施展的一種計謀；比喻採取策略，緩和事態的惡化，以便設法解決，或採取可行的辦法應對突發事件。在實踐中運用緩兵之計，其核心是必須能夠統籌全局，從實際情況出發，不為局部或一時的小利所動，伺時機成熟之後，再當機立斷，速戰速決。

《三國演義》中，司馬懿速戰孟達和緩戰平遼東的兩次軍事鬥爭，運用了兩種截然不同的戰法，取得了意想不到的戰果。

現代商戰，「緩兵之計」常用於企業併購的行動中。

謀略典故

這個智謀於《三國演義》一百零六回『公孫淵兵敗死襄平，司馬懿詐病賺曹爽』。

講的是：魏明帝曹叡在位時，遼東太守公孫淵自立為燕王，改年號紹漢，聯絡東吳，侵擾北方。曹叡派司馬懿率4萬人馬前去平定。適逢雨天，魏軍泡在雨中，全軍上下怨氣四起。都督仇連不聽勸告，被斬首。之後，司馬懿退兵30里，放行城內軍民出城樵採柴薪，用「緩兵之計」，活捉了率殘兵敗將突圍的公孫淵。

典故名篇

❖ 左宗棠緩進急戰，收復新疆

一百多年前，新疆西邊的小國浩罕本來接受清朝封號，成為中國的藩屬。後來，俄國人不斷向東擴張，侵佔了浩罕國的大片領土，引起浩罕國首領阿古柏的不滿。俄國就唆使阿古柏侵佔我國新疆，以此作為它侵佔浩罕的補償。

一八六五年，阿古柏在俄國極力慫恿下，果然率兵佔領了南疆地區；接著又向北疆擴張，佔領了烏魯木齊。他的野心越來越大，宣布在新疆建立「哲德沙爾國」，自稱國王。趁阿古柏宣布建國稱王之際，俄國出兵佔領了新疆西部的伊犁和附近地區。俄軍在這裡徵收賦稅，行使國家主權，完全排斥了清朝對伊犁地區的統治。

一八七五年5月初，清廷任命左宗棠為欽差大臣，督辦新疆軍務。一八七六年4月7日，左宗棠率領大軍離開蘭州，經河西走廊，向新疆進發。到了肅州（今甘肅酒泉），他把將領召集起來，說：「諸位將軍第一次到西北邊疆，大概對新疆的情況不太熟悉吧？我自幼愛讀史地書和兵書，對新疆的山川地形和歷史沿革略知一二。新疆中部有一條大山脈，叫作天山，把新疆分成南北兩大部分，山南叫南疆，山北叫北疆。我們這次進兵，要先攻交通比較便利，容易到達的北疆，直取烏魯木齊；在烏魯木齊站穩腳跟以後，再收復其它地方。」

眾將齊聲回道：「一切聽從大人指揮。」

左宗棠高聲道：「既然如此，諸將聽我命令：大將劉錦棠指揮都統金順一軍，擔任主攻；提督徐占彪、張濯一軍，把守哈密，配合金順。從湖廣來的楚軍駐守敦煌、安西、玉門一線，嚴防敵軍向內侵犯。我在肅州指揮。各軍有事，隨時前來稟報。」

部署完畢，左宗棠舉行了隆重的祭旗儀式。在莊嚴的「左」字大旗下，全軍宣誓：不怕艱難險阻，誓與敵人血戰到底，收復祖國河山。然後各軍按照左帥宣布的作戰任務和目標，整裝出發。

4月26日，劉錦棠在肅州正式受命出關時，左宗棠授以「先遲後速，緩進急戰」的八字方針。

這是左宗棠根據實際情況制定的戰略部署：先北路，後南路。出關後，第一個戰役是攻佔北疆，收復烏魯木齊至瑪納斯一帶，扼全疆重要之處，為下一步南進準備後方基地。指導方針是「緩進急戰」。

這項戰略部署堪稱高明。從敵情來看，先打北路之敵，做到先揀弱敵打，因為阿古柏比沙俄弱，北路的白彥虎等部又比南路阿古柏嫡系弱。從地理上看，先打北路之敵，清軍既可依托哈密、巴里坤，古城一帶後方基地，又可以割斷阿古柏與沙俄的聯繫，制止沙俄繼續東侵，形成對南路阿古柏軍東，北兩面逼攻之勢。而且，可以連帶解決新疆這種特殊的地理條件下作戰的後勤保障問題。

8月，左宗棠指揮清軍發起了北疆戰役。清軍將領劉錦棠按照「緩進急戰」的原則，率清軍乘夜間敵人入睡之機，急速發起猛攻，很快就佔領了古牧地。烏魯木齊守將——投順阿古柏的中國人白彥虎見勢不妙，溜之大吉。敵軍將士見主將臨陣逃脫，也跟著敗下陣去。清軍僅花了10天時間，就順利佔領了烏魯木齊，很快就收復了伊犁以外的北疆地區。左宗棠的計畫順利實現了，接著就準備向南疆進軍。

一八七七年4月中旬，左中棠適時發起了天山戰役。劉錦棠一部進攻達坂城，僅用四天時間就全殲守敵，無一漏網。接著分兵一部，與他部清軍合攻吐魯番城，前後不到半個月就順利進城，總計殲敵2萬餘人，救出百姓2萬餘人。至此，清軍完全打開了進軍南疆的門戶。天山戰役結束後，左宗棠又下令部隊「緩進」。因為籌運糧草、軍餉需要時間，他決定等糧餉籌足，再行進兵。

清軍的「緩進」以及阿古柏因戰敗惱怒，突然中風而死，又客觀上加速了阿古柏營壘的分化、瓦解。最終其內部為爭權奪利，爆發了一場內亂。這給清軍繼續進軍，製造了新的有利條件。

左宗棠抓住有利時機，部署了南疆戰役計畫。

9月下旬，劉錦棠受命發起南疆戰役。他親率精銳步騎，一個月馳騁三千里，在維吾爾族人民的支持和協助下，一舉收復了東四城，12月，又收復了西四城。阿古柏部屬除一小部投奔沙俄外，餘部全被殲滅。就這樣，淪陷十多年的天山南北終於回到祖國的懷抱。在新疆這塊土地上，清軍徹底消滅了阿古柏的反叛勢力。

❖ 赤手空拳打天下

在實業家中，赤手空拳闖天下獲得成功的大有人在。這些人的成功，靠的是智慧和辛勤，採取了不同於常人的做法，首先取得事業上良好的開端。日本角田建築公司董事長角田式美即為其中之一。

角田在事業起步之前，就不斷思索著：「怎樣才能在沒有資金或資金很少的情況下賺大錢。」最後，他運用「緩兵之計」，想出了一套「預約銷售」的辦法。結果效果甚佳。從此，他走上發跡之路。

他的「預約銷售」，說起來並不複雜，就是從以下這樣一件生意開始。他很早就決心在不動產行業中大幹一番。所以，他一直在收集相關方面的情報，以創造必備的條件。

一天，他得知有人要以80萬日元賣掉一座樓房。他馬上設法找到有可能購買這幢樓房的買主，向他們透露有限的信息。藉此，他搞清了他們要買類似這樣一幢樓的價格傾向在170萬日元左右。他隨即說服他們當中的一位與他簽定代購合同，約定在兩個月內幫助這個人尋找合適的房屋。其實，這時他已胸有成竹。之後，他去找房屋賣主洽談，最後敲定以80萬日元的價格成交，並立即辦理手續，3日內付清款項。如果3日內不付錢，則由他負責在10日內將樓房售出，過期將由他賠10%的罰款。其實，他根本沒有錢，以上的約定只不過是他的緩兵之計。

剩下的工作最為關鍵。角田找到一個中間買主，要這個買主買下這棟樓房，然後由他代理出售，保證買主能在兩個月內賺到一成利潤，超過的部分歸他所有。對中間買主來說，兩個月賺一成利潤，要比銀行一年的利息高出許多，而且有人給予擔保，安全可靠。在朋友的擔保下，角田很快辦妥了對中間買主的代買代賣合同。

這時，同賣主定好的3天時間已過，正好由他代理中間買主，把樓房買了下來，完成了第一環節的預約購買。然爰，他馬上回過頭去找原先預約好的真正買主，通過洽談，以大約170萬日元的價錢將樓房出手，完成了原先預定的銷售。這樣，前後不到一個月，他就淨賺了74萬日元。有人曾問角田，為什麼他不直接借錢完成這筆生意。他解釋說：「如果去借錢，這生意根本做不成，至少時間來不及。因為我是窮光蛋，別人不太可能借給我這麼多錢。反之，要找個朋友為我做擔保，就容易得多。」

角田做這種不需資金的生意確有一套，就是後來有了資金，他還是常用這種辦法，而且頗有收穫。他原來一無所有，經過10年的努力，終成為日本有名的建築業大亨。

假痴不癲

釋義

「假痴不癲」是一種麻痺對手，待機而動的計謀。在環境不利於自己的情形下，為避開敵人的鋒芒，保護自己，即可採取裝瘋賣傻、裝聾作啞的辦法，蒙騙敵方；或是想辦法蒙蔽敵方的視聽，不使其了解我方的意圖和動向。

這一計謀，《孫子兵法・九地》中有精闢的論述。中外許多軍事家都視之為戰勝敵方的錦囊妙計，尤其是自我保護的上策之一。

謀略典故

這個智謀見於《三國演義》一百零六回「公孫淵兵敗死襄平，司馬懿詐病賺曹爽」和一百零七回『魏主政歸司馬氏，姜維兵敗牛頭山』。

講的是：魏明帝死後，遺詔由大將軍曹爽和太尉司馬懿共同輔政，扶持幼子齊王曹芳。曹爽自認為是宗室貴族，妄想專政，擴大自己的勢力，因而視司馬懿為大患。司馬懿分析形勢，權衡利弊，裝病賣傻，使「假痴不癲」之計，騙過曹爽的心腹李勝，要自己的兩個兒子同李勝結為朋友，然後乘幼主曹芳祭祖之機，借皇太后之手，罷免曹爽兄弟官職，剪除曹爽黨羽，用高牆圍住曹宅，最後以謀反大逆的罪名，誅殺了曹爽兄弟。

典故名篇

❖ 拿破崙答非所問

一七九七年，年輕的拿破崙·波拿巴將軍在義大利戰場取得全勝，凱旋而歸。從此，他在巴黎社交界身價百倍，成為眾多貴婦人追逐青睞的對象。然而，他並不喜歡這一套，甚至有些討厭。

可是，有些女子是緊追不放，糾纏不休。當時的才女、文學家斯塔爾夫人就連續幾個月，一直給他寫信，想結識他。

一天晚上，有一場舞會，斯塔爾夫人頭上纏著寬大的包頭布，手上拿著桂枝，穿過人群，迎向拿破崙。拿破崙已無法避開。斯塔爾夫人把手上的桂枝送給他。他說：應該把桂枝留給繆斯（文藝女神）。」

斯塔爾夫人認為這是一句俏皮話，並不感到尷尬。她繼續沒話找話地與拿破崙糾纏。拿破崙出於禮貌，也不好粗暴地中斷談話。

「將軍，您最喜歡的女人是誰呢？」

「我的妻子。」

「那麼，您最器重的女人是誰？」

「最會料理家務的女人。」

「我想也是如此。那麼，您認為什麼樣的女子是女中豪傑？」

「是孩子生得最多的女人，夫人。」

他們這樣一問一答，愈談愈沒趣。斯塔爾夫人漸漸感到侷促不安，最後只好無趣地離去。

❖ 豬耳朵製成絲錢袋

利特爾公司是世界上最著名的科技諮詢公司之一。

它的前身是其創始人利特爾一九八六年建立的一間小小的化學實驗室，在當時鮮為人知，絲毫也不引人注目。

一九二一年的一天，許多企業家在一次集會上談論科學和生產的關係。一位大亨高談闊論，否定科學的作用。

一向崇拜科學的利特爾帶著輕蔑的微笑，平靜地向這位大亨解釋科學對企業生產的重要作用。

大亨聽後，臉露不屑，還嘲諷了利特爾一番，最後挑釁地說：「我的錢太多了，現有的錢袋已經不夠用，想找豬耳朵造的絲錢袋來裝。或許你的科學能幫個忙？如果製成這樣的錢袋，大家都會把你當科學家的。」說完，他哈哈大笑。

〔編按・昔日歐美人士，不管男人、女人，出門都會攜帶一個裝錢的絲絨袋子，男士用腰（皮）帶繫著，女士則會提在手裡當裝飾品之一。〕

聰明的利特爾怎麼會聽不出他的弦外之音。他氣得嘴唇直抖，但還是隱忍下來，非常謙虛地說：「謝謝你的指點。」

氣歸氣，利特爾卻感知到這是個千載難逢的大好機會。其後一段時間，市場上的豬耳朵被利特爾公司暗中搜購一空。

在公司的科學家努力下，將這批豬耳朵分解成膠質和纖維組織，然後把這些物質製成可紡纖維，再紡成絲線，並染上各種不同的美麗顏色，最後編織成五光十色的絲錢袋。這種錢袋投放市場，立刻被搶購一空。

「用豬耳朵製絲錢袋」，看似荒誕不經，卻造就了一個不服輸的企業家。那些不相信科學是企業的翅膀，從而也看不起利特爾的人，此時不得不對他刮目相看。利特爾公司從此名聲大振。

面對挑釁，利特爾「假痴」──忍受輕蔑，「虛心」接受指點，「不癲」──不大吵大鬧，爭執強辯，也不義正詞嚴地加以駁斥。他心裡明白這是個振氣揚名的機會，故而不露聲色。此後，他暗中準備，將豬耳朵製成絲錢袋，從而一舉成名。

❖ 兒子算計父親

美國鐵路大王范德比有三個兒子。大兒子威廉上完小學便輟學了，沒有顯露出什麼特殊才華。范德比眼見自己的產業無人有能力繼承，不免時常感傷。

一天，威廉對父親說：「爸爸，我看您馬廄裡的馬糞太多了，想幫忙收拾一下。請問您，一洛德要賣多少錢？」

范德比奸猾慣了，敲了兒子一筆：「4塊錢一洛德。」

威廉一聽，竟傻乎乎地說：「一言為定，4塊錢一洛德。」

兒子高興地走了，范德比卻難過得流下眼淚。他對老伴說：「這小子是個廢物。市場的馬糞2塊錢一車，他竟願意出4塊錢一車。我的家業怎麼能傳給這樣的傻瓜！」

一個星期後，威廉把錢交給了范德比。范德比一數，只有12塊錢，吃驚地問道：「怎麼回事？我的馬糞堆積如山，何止3車，30車也綽綽有餘。」威廉回答：「爸爸，你錯了，我一共運了3船。」

范德比這才恍然大悟。原來英文中「洛德」一詞，意思是「一載」，可解為「一車」，也可解成「一船」。

他氣得大罵：「好啊！你竟敢和老子玩起文字遊戲來了！」但轉念一想，他禁不住一陣欣喜。

晚上，范德比吩咐傭人作了一桌豐盛的飯菜。席間，他高興地對老伴說：「老婆子，我們慶祝一下。你生的寶貝兒子用計把我給騙了。我一生騙人，我兒子卻能騙我，真是一代更比一代強啊！」

背水一戰

釋義

「背水一戰」，按兵法所說，是背水列陣。此乃兵家大忌，卻可險中求勝。碰到敵眾我寡的局面，背水列陣，故意使己方身處絕境，待兩軍交接，己方必人人奮力一戰，從而可變弱為強，以一當十，最終以弱制強。其關鍵是要對敵方十分了解，還要具備非常高的軍事綜合素質，否則必定毀於一旦。漢初名將韓信和三國時代的姜維都用過此計，也都收到了意想不到的戰果，化弱勢為勝勢，以弱制強，取得戰鬥的最後勝利。

謀略典故

此智謀見於《三國演義》一百一十回『文鴦單騎退雄兵，姜維背水破大敵』。

講的是：司馬師病死，司馬昭以大將軍錄尚書事，專決中外事務，實掌魏政。姜維得訊，認為司馬師新喪，司馬昭初握重權，暫時還不敢擅離洛陽，因而可乘機伐魏。他要征西大將軍張翼引兵5萬，火速進兵。魏將王經率7萬人馬迎敵。姜維用背水一戰之計，誘敵至沸水岸邊。蜀軍將士殊死奮戰，最終以少勝多，大敗王經。

典故名篇

❖ 從山頂滾下去的將領

俄軍名將米洛拉多維奇率軍遠征瑞士。經過長途跋涉，他們終於咬住瑞士軍隊的尾巴。士兵們求戰心切，想一口吃掉這支敵軍。

然而，又一座山峰矗立在前進的路上。俄軍費盡力氣，爬上了山頂，卻已人困馬乏，疲憊不堪。再往下一看，山北側懸崖峭壁，簡直無路可走，而瑞士兵正在山腳下的村子裡安營紮寨，嚴陣以待。

俄軍陷入進退兩難的困境，進攻無路，後退則前功盡棄。他們擁擠在狹窄的山頂，惶恐不安地望著陡峭的山坡和村邊的敵軍陣地，不知如何是好，只有倒抽冷氣的份兒。

米洛拉多維奇心裡很清楚，在山頂多逗留一分鐘，部隊的士氣就會降低一分，恐慌厭戰的情緒則增長一分，促使戰鬥力減少一分。在這種情況下，即使部隊下了山坡，也會吃敗仗。如果強令部隊下山，戰士被迫，必將鬥志消沉，無法迎敵。這該如何是好？

突然，他的腦海裡浮現出一幕壯烈的戰鬥場景：那是若干年前，他還很年輕，跟隨彼得大帝出征瑞典。當時，俄軍陣腳在瑞典軍隊猛烈衝擊下開始潰退。將軍們束手無策，面面相覷。就在這時，只見彼得大帝跳上戰馬，抽出寶劍，大喊一聲，面對蜂擁而上的瑞典軍隊衝了過去。正在逃命的俄軍見狀，像是突然服了一帖強心劑，驚愕之餘，奮不顧身地跟隨皇上勇猛拼殺。瑞典軍抵擋不住這番銳利的攻勢，終於敗下陣去。

想到這過往的一幕，米洛拉多維奇猛然對士兵大喊一聲：「你們看著……看敵人怎樣俘虜你們的將軍！」

話音未落，他一個翻身，從山峰的懸崖上滾了下去。

俄軍見此情景，將膽怯、驚恐、動搖的念頭一掃而光，學著統帥的模樣，紛紛滾下山坡。片刻後，殺聲四起，震撼山谷。

瑞士軍做夢也沒想到俄軍會不顧死活地滾下山來。現在輪到他們動搖、驚恐和膽怯了。士氣此長彼落，影響了戰鬥的進程，俄軍如餓虎撲入羊群，很快打敗了敵人。

❖ 冒險的賠償制度

美國企業家梅考克繼承了父親的一筆遺產，創辦了一家小小的農機公司，專門生產收割機。一開始，公司的生意非常蕭條，很久才賣出7台收割機。一段時間後，他虧光了父親的遺產，還欠下沉重的債務。

梅考克捫心自問：是不是我工作不努力？不是。是不是公司的收割機質量不好？不是。那麼，問題出在哪裡？他省察到自己的營銷策略不得法。為此，他採取了一個大膽的舉措，實行「保證賠償」這全新的推銷方法，並且使之制度化。

所謂「保證賠償」，就是購買這家公司之收割機的用戶，頭兩年，如果不是因人為事故，機器出了毛病，公司不僅像其它廠家那樣免費修理，而且賠償由機器損壞所耽誤的穀物收割的損失。

梅考克提出這種「賠償制度」，遭到公司內部職員的一致反對。

「收割機損壞，是人為造成，還是機件出了問題，很難搞清楚，要進行調查，將花費多少人力、物力？」

梅考克回道：「那就不必調查！就算作是機器質量造成的事故，我們按章負責賠償就是了。」

反對的聲浪越來越高：「這樣的賠償法，公司如何負擔得起？」

「我們應該對自家機器的質量有信心，對顧客也有信心。難道他們願意在繁忙的收割季節無事生非，故意找機器的岔子嗎？顧客的損失，也就是我們的損失，我們應該盡力幫助他們，更應該在保證機器的質量上下功夫。」

還是有人擔心：「這種做法畢竟太冒險了！」

梅考克說：「是激烈的市場競爭將我們逼上了這條路。這條路的確很冒險，但賠的錢可以用賺的錢補償。我希望大家同心協力，把產品質量進一步搞上去。」

公司的前途關係到每一個同仁的前途，他們把反對的言詞化成實幹的行動，嚴格檢驗，極力做到把可能產生的問題，在產品出廠之前徹底排除。

由於梅考克對顧客存著信心，也換來了顧客對公司產品產生信心，都願意試一試他的收割機。經過試用，發現這些收割機質量果真上乘。於是，許多人紛紛上門訂購，梅考克的國際農機公司開始興隆起來。沒幾年功夫，這家公司已成為真正的國際性大公司，產品遠銷許多國家。

❖ 宣布防腐劑有毒

一次，美國亨利食品加工工業總公司負責人亨利·霍金士透過電視台，播出了一則產品廣告，宣稱：「本公司以往的產品中由於加入有毒的防腐劑，對人體有害，奉勸顧客慎重使用。」廣告中還坦率直言，他是偶然從化驗鑑定報告單上發現這種情況。這種防腐添加劑具有一定的保鮮作用，但帶有輕微的毒素，長期服用，有害身體健康。最後他毅然宣布：「本公司保證今後不再使用有毒的防腐添加劑！」

這則廣告無異於家醜外揚，在社會上引起了軒然大波。但霍金士有他的堅持：身為經營者，不能惟利是圖，應當站在消費者的立場，設身處地為顧客著想，主動披露產品中存在的問題，以誠為本，開誠相見，以心換心。這樣做，才能在消費者心中樹立誠實的形象，以換取他們的信任，從而廣為招徳，贏得市場。

果然，廣大顧客對霍金士的「家醜外揚」非常欣賞。但此舉卻招來同業的激烈詆毀，因為幾乎所有的食品加工廠都是使用防腐劑保鮮食品。「城門失火，殃及池魚。」霍金士的這一招，使其他食品廠商也處於不利的境地。於是他們聯合起來，又是做廣告，又是寫文章，進行公開辯論，聲言食品防腐劑的添加，是為了使其發揮保鮮作用，雖有微量毒素，並不會有害人體健康。他們指責霍金士的廣告是別有用心，打擊別人，抬高自己；進而還對亨利公司的產品進行抵制。

霍金士仍然我行我素，一方面堅持防腐劑有毒，對人體有害的觀點，一方面生產不加有毒防腐劑的產品。雙方爭論不休，無從定案。

這場爭論曠日持久，持續了4年時間。亨利公司畢竟勢孤力薄，產品在市場上節節敗退，公司瀕臨倒閉的邊緣。

然而，霍金士在廣告中所說的畢竟是事實，食品防腐添加劑含有毒素，對人體確實有害。所以他的所作所為獲得了顧客的歡迎和政府的讚賞。他在爭辯的過程中名聲大振，確立了誠實企業家的形象。就在他瀕於破產邊緣之際，政府的有關部門支持了他的觀點和做法。於是，顧客又馬上回籠，使用亨利公司的產品。短時期內，公司就恢復元氣，一度滯銷的產品成為熱門貨。他趁機擴大生產，在美國食品加工業中名列第一。

走為上

釋義

「走為上」是三十六計中的最後一計，在《三國演義》中出現，意為：在無法戰勝敵人，取勝無望的情況下，又找不到其它上策，只好一走了之。這不同於求和、投降，而是為了扭轉被動之局，所採取的一種保存實力的方法。古代戰事中，不乏此計成功之例。現今商戰中，也有成功運用此計的高手。

走的核心在於「避」。走也是一門藝術，當中自有學問。

謀略典故

這個智謀見於《三國演義》一百十五回『詔班師後主信讒，托屯田姜維避禍』。

講的是：諸葛亮歸天之後，大將軍姜維繼其志，率蜀軍伐魏。此時，無功無德的閻宇借宦官黃皓之口，慫恿蜀漢後主劉禪將姜維從祁山召回。為了國家利益，威振魏國軍隊，姜維聽取了郤正的勸說，屯田沓中，遠離了臨頭之大禍。

典故名篇

❖ 劉伯溫功成身退

為朱元璋平天下、治天下立下汗馬功勞的劉伯溫在功成之後，多次上書，請求告老還鄉。劉伯溫此舉，是有主、客觀因素相撞擊分析之後的考量——明哲保身。

洪武三年（二二七一年），朱元璋授予劉伯溫弘文館學士，封開國翊運守正文臣、資善大夫、上護軍、誠意伯。劉伯溫為了免遭朝廷官場鬥爭的不測之禍，隨即上書明太祖，要求致仕，過隱居生活。原因有二：一是青少年時立下的報國之志已經實現，位至開國功臣之列。二是他生就豪爽剛正、嫉惡如仇的性格，在為朱元璋出謀劃策時曾得罪過不少人，像宰相李善長、胡惟庸等人；包括對明太祖朱元璋，他也常常直諫不諱。因此，他想盡早抽出身來，激流勇退。

一三七二年2月，劉伯溫回到浙江青田南田山（今浙江省文成縣）故里。在鄉間，他每日讀書、吟詩，飲酒、弈棋，謝絕同一切官府來往，靜心修養，樂哉快哉。

一三七三年，胡惟庸當上丞相。他對劉伯溫曾向太祖諫阻由自己擔任丞相一事懷恨在心，故而誣陷劉伯溫在故里謀佔有王氣之地，規劃為自己的墓地，圖謀不軌。朱元璋本就疑心極重，聽聞此事，即於第二年下旨剝奪了劉伯溫的俸祿。劉伯溫被迫忍氣吞聲，進京說明真情。不想，他在京積憂成疾，一三七五年3月重病不起，被送回鄉里，一個月後逝世。

如果劉伯溫在朱元璋登基稱帝的前夕，不待封官列侯即隱退故里或山中寺院，或許就不至於後來遭到剝奪俸祿的冤屈吧……

❖ 撤退的哲學

一九六四年，日本松下通信工業公司突然宣布，松下公司不再製造大型電腦。

對這項決定，聽到的人都感到震驚。松下已花5年時間進行研究，投下十多億元的巨額研發費用，眼看著就要進入最後階段，卻突然全盤放棄。何況，松下公司的經營十分順利，不可能發生財政上的困難，此舉確實令人費解。

松下幸之助之所以會斷然做出這樣的決定，當然有其考慮。他認為，當時商用大型電腦的市場競爭過於激烈，萬一不慎而致犯了差錯，將對松下通信工業公司產生不利的影響。若到不可收拾之時再撤退，就為時太晚了；不如趁著現在一切都尚有可為時撤退，才控制得住，否則把公司其他產品的盈利都賠進去，多划不來！

事實上，像西門子、RCA這種世界性的大公司，都已陸續從大型電腦的生產領域撤退，廣大的美國市場幾乎全被IBM獨佔。像這樣，有一家強而有力的公司獨佔市場就綽綽有餘了。更何況，日本這樣一個小市場，實在不能有大作為！

富士通、日立等7家公司都急著搶灘，他們也都投入了相當多的資金，等於賭下整個公司的命運。在這場競爭中，松下也許會生存下來，也許就此消退。衡量得失之後，松下幸之助終於決定撤退。

交戰時，撤退最難做得圓滿。松下幸之助勇敢地實行一般人無法理解的「撤退哲學」，將「走為上」之計運用自如，足見其眼光確實高人一等，不愧為日本商界首屈一指的大將。

暗渡陳倉

釋義

「暗渡陳倉」意為：以部分兵力佯示正面進攻，迷惑敵人，然後主力迂迴到敵後、敵側，發動突襲，給敵人以致命之一擊，從而取得全局的勝利。此「明」與「暗」的謀略，從古至今，被我們的先輩反覆運用，並創造性地總結出許多令後人讚嘆不已的典型戰例。

在軍事、政治和商戰中，若將此計運用得圓熟自如，必可收割最大最好的成果。

謀略典故

這個智謀見於《三國演義》一百十七回『鄧士載偷渡陰平，諸葛瞻戰死綿竹』。

講的是：鄧艾為過陰平，取成都，不理會鍾會的嘲諷之言，命兒子鄧忠率人馬歷經千辛萬難，在懸崖峭壁上用刀斧砍出一條小道，最後身裹氈毯，滾下懸崖，率隊輕取江油城，終於逼降阿斗劉禪，一舉滅了蜀國。

典故名篇

❖ 李光弼的地道戰

公元七五七年（唐肅宗至德二年），朔風正勁，太原（今山西太原西南）守將、唐朝河東節度使李光弼（七〇八～七六四年）迎著凜冽的寒風，心裡急啊：自己剛派出主力支援朔方，叛將史思明、蔡希德偏偏帶領十萬大軍攻城來了。城內兵力不滿一萬，如何抵擋？

史思明很會用兵。他命令手下在城外建起飛樓，蒙上木板做掩護，臨城築土山，意圖藉由登上土山，攻入太原城。

李光弼觀察敵人的行動，突然靈光一閃，想出了一條妙計。他讓手下將士從城內鑽地，將敵軍築的土山下面挖空……

這天，史思明在城外設宴，邊喝酒邊觀賞歌舞。歌舞、雜伎輪番上場，他看得如痴如醉。此時，李光弼派來的人躍出地道，悄悄靠攏史思明的戲台，突然鑽出地面，猛地捉走了台上的表演者。

史思明見狀，大吃一驚，急急離席，將軍營搬到別的地方去了。自此，史思明麾下官兵個個如驚弓之鳥，連走路都瞪圓眼睛，盯住腳底下，惟恐自己跌入坑中。

李光弼仍悄悄行動。唐軍繞著史思明軍營底下挖好地道，然後搬來木柱支撐，防止塌陷。一切準備就緒，死守多日的李光弼派心腹之人出城去求見史思明：「太原城內一片空虛，我們已支撐不住，請求允許投降！」

史思明大喜過望：「這就對了……識時務者為俊傑啊！」

到了約定的受降之日，史思明的將士已渾忘戒備。李光弼一面派將領帶人出城假降，一面暗中派人把敵營下面地道裡所有的撐木迅速抽掉。

史思明軍兵眾聚集處，腳下突地轟然塌陷，一下子死了一千多人。片刻間，太原城將士在城頭擊鼓吶喊，李光弼派出的鐵甲騎兵已衝向敵營。

一場惡戰，俘虜和殲滅敵兵幾萬人。史思明只能帶著殘兵敗將落荒而逃。

❖ 忽明忽暗，及時應對

「潛隱說服術」是「暗渡陳倉」之計的一大體現。

一九五七年，美國在一家影院做了這麼一個實驗：在放映影片的過程中，讓「請喝可口可樂」和「餓了請吃爆米花」這兩句話以三千分之一秒的速度在銀幕上每隔5秒鐘閃一次。文字再現的速度快得肉眼無法覺察。但實驗持續了六周之後，影院小賣部爆米花的銷量顯著增加，可口可樂銷售更增長了57.7%。

這項「發明」立即引起轟動，被稱為「潛隱說服術」——運用潛藏的信息，在人們毫無覺察的情況下對其施加影響。許多人強烈反對這種門道，認為它侵犯了人的基本隱私權，甚至建議將這種危險的精神實驗列入核武器試驗的類別，加以制止。

關於這種「潛隱說服」的效果，有人認為它能直接控制人的行為。而且，由於受影響者處於無防備的狀態，在無意識中接受訊息，其效力遠超過公開信息。

實際用到日常生活中也證明，「潛隱說服術」的確具有一定的效用。尤其是在你想改變對手的觀點和想法，使他接受你的意見和主張時，靈活地運用潛隱說服術，可達到意想不到的效果。但必須切記，此術不能亂用。

❖ 報恩的日本員工

自從16世紀機器革命之後，英國的紡織工業在世界上一直處於領先地位。為了能永執牛耳，他們對其技術和工藝採取了嚴格的保密措施，以防各國效仿。

19世紀中葉，英國有一家技術先進、效益良好的紡織業廠商布拉澤公司。這家公司職工甚多，都到附近的一家英國餐館用餐。這家餐館價格昂貴，菜質低劣。但就餐者無可奈何，因為附近並無其它用餐的地方。

不久，在布拉澤公司旁邊新開了一家餐館，餐館員工清一色都是日本人。他們的英語水平很差，但服務態度良好，出售的食品價廉物美，吸引了布拉澤的職工都來用餐。

原先那家英國餐館老闆卻對此嗤之以鼻：「這種做法非賠本倒閉不可！看他們能維持多少日子……」

日本餐館似乎一點也不懂經營之道，他們售出的食品簡直比自己在家裡燒食還要便宜。為此布拉澤的職工自己吃畢以後，經常順便買些飯菜帶回家去。正因如此，這家爸館很快與布拉澤公司搞熟了關係，連一些高級職員也成為餐館的座上常客，相互之間無話不談。布拉澤的員工打心底認定這些日本人是自己的朋友。

英國餐館老闆的預言不假，漸漸地，日本餐館的員工個個面露愁容，不時私下裡唉聲嘆氣。布拉澤公司的員工奇怪地問道：「你們有什麼不順心的事嗎？」

「啊……沒什麼！別打擾你們用餐的興致。」

日本人越不肯講，英國人越要追問。最後，他們終於明白了：日本人一直在賠本經營，時間一長，餐館已經難以維持營業了。

布拉澤的員工好心地問道：「你們不能適當地提高價格嗎？」

「不能那樣做！我們不想加重諸位的負擔。」日本人回答，「而且，已經來不及了。餐館即將歇業，我們連回家的旅費都沒有著落呢！」

布拉澤人受到極大的感動，惻隱之心油然而生，紛紛勸說：「既然你們回不了日本，就到我們公司來工作吧！我們公司正缺少人手呢！」

布拉澤公司原先規定不僱用外國員工的，但董事長經不住眾多員工、特別是高級職員的游說，破格錄用了日本餐館的人，但限制他們只做粗重雜工。

這些日本人進廠之後，工作非常賣力，不怕苦、累、髒。慢慢地，公司又破格分配其中一些人擔任技術工。他們也知恩報恩，經常宴請錄用他們的高級職員，雙方的關係越來越融洽。

幾年後，這些日本員工攢夠了旅費，提出了回國探親的要求。公司當局無法拒絕他們合理的要求，批准他們的假期，殷切期望他們早日回公司上班。可是，這些日本員工再也沒有回英國來。

原來，這些人都是日本第一流的紡織專家，以賠本開餐館作為誘餌，達到進廠工作的目的。進廠之後，他們一步步探知布拉澤公司的紡織工藝和生產過程。待他們回國，立刻去偽存真，去粗取精，設計出一套比當時英國工廠中的設備更先進的設備。從此，英國的紡織工業多了一個新的競爭對手。

一箭雙鵰

釋義

「一箭雙鵰」意為：一支箭射中了兩隻鵰。比喻做一件事，得到兩方面的好處；或是採取一種措施，收割到兩種成果。這個計謀使用起來，十分不容易，稍有不慎，就會招災引禍。因此，使計之前，要周密計劃，切忌暴露身分，更不可操之過急。

此計最早見於《隋書·長孫晟傳》，講的是：北周一名武將長孫晟善射。有一次，他見兩隻鵰在空中爭一塊肉，就當眾取箭勁射。一箭射過去，兩隻大鵰應聲落地。

謀略典故

這個智謀見於《三國演義》一百十八回『哭祖廟一王死孝，入西州二士爭功』。

講的是：鄧艾自恃功高，迫使劉禪出降，呈書司馬昭。司馬昭懷疑鄧艾有專政蜀地的野心，便設計用鍾會牽制之。蜀漢降將姜維向鍾會獻計，截殺鄧艾的信使，嫁禍於鄧艾。司馬昭從鍾會的信中判斷出鄧艾確有謀反之心，便同小皇帝曹奐御駕親征。邵悌問司馬昭：「鍾會兵比鄧艾多幾倍，有他牽制鄧艾足矣，為何要皇上御駕親征？」司馬昭笑道：「你曾說，鍾會會謀反。我這次出征，不是為了鄧艾，實為鍾會。」邵悌聞言笑道：「我怕大人忘了，才故意這麼問。既有此打算，一定要嚴守祕密。」

典故名篇

❖凱爾巧用間諜，白得汽車

凱爾在擔任英國軍事情報第五處領導人時，有一輛雙座老式小汽車總是與他形影不離。這輛車的來歷，與一則離奇的間諜故事有關。

有一次，德國情報機構派一個荷蘭人到英國進行間諜活動。在他到達之前，從歐洲大陸寄到倫敦的許多相關信件被英方截獲。因此，那個荷蘭人一到英國，就陷入凱爾設下的圈套。凱爾利用這荷蘭人意志軟弱的特點，很快收買了他。這荷蘭人也有意背叛德國，故而應允為英國效勞。於是，凱爾利用他當雙面間諜，但不讓他採取任何主動，只要他對寄往德國的信件一事默不作聲就行。他的信經軍情五處修改之後，摻進了大量假情報。

當然，其中有些細節是真實的，以便使德方對信的內容深信不疑。德國人收到這些信後，果然興高采烈，增加了這個荷蘭人的薪水和補貼。這些錢寄到英國之後，全被凱爾沒收。他用這筆錢買了一輛小汽車，餘數用作汽車維修之用。真是一舉兩得！

❖ 手帕上的導遊圖

地處東京鬧市區一家專門經營手帕的商店，一天，在店門打烊之後，店主夫妻兩人在燈具下計算一天的營業額。

那妻子重重地嘆了一口氣，說：「現在的生意越來越難做了。上個月還賣掉了幾十打手帕，這個月只剩下幾打的銷售額了。真是一天不如一天！再這樣下去，我們只好關門歇業了。」

丈夫也嘆著氣說：「下午我去工廠進貨，看到那些大百貨公司和超級市場的闊商一進就是一卡車手帕。為此，對我們這些零星小戶頭，廠家似乎也不怎麼在乎了。長此下去，如何是好？」

自從三個月前，附近開設了一家超級市場，因為那裡的手帕花樣繁多，門類齊全，應有盡有，使得這家小小的「夫妻店」根本無法與之競爭，生意一落千丈。到店裡來問路的人倒是不少，但一般問完路就走。妻子又是一陣感慨，無奈地說：「難道我們開這家店，只是為了當一個業餘的路徑諮詢員嗎？能不能想想辦法呢？」

「什麼？我們是業餘的路徑諮詢員……」丈夫的眼睛突然一亮，

腦子裡飛快閃過一個念頭：「不！我們要當職業的路徑諮詢員！」

「怎麼？你瘋了！你要撇開小店，去當導遊嗎？」

「我沒有瘋……我終於想到辦法了！」店主高興地喊了起來。

原來，這店主是這樣設想的：手帕上印有山水、花鳥等等各種圖案和花樣，只有審美和觀賞價值，並不實用。既然到小店來問路的人很多，何不把當地的導遊地圖印在手帕上，既方便顧客，又利於推銷商品。這樣做，必可收「一石二鳥」之效。

他立即將這個想法付諸實施，到手帕廠定製了成批印著東京交通圖及相關風景區導遊圖的手帕，放在小店裡出售。

從此以後，這家「夫妻店」的生意果然興旺起來。

❖ 不拘面子，一箭雙鵰

一種客觀存在的外在力量，乍看之下，對自己是一種具有威脅的不利因素。但是，若能施巧借之功，這種威脅之力可能成為我揚帆之風，使不利變成有利，他力變成己力。現代商戰中，很多高手就善於利用一切有利的條件，精於借用他人的力量，實現自己的經營目的，而且屢試不爽。

美國可以說是一個由移民組成的國家，行走在美國街頭，常會與各種膚色的人擦肩而過。對那些膚色黝黑的人，你絕不可能視而不見。但是，在美國，黑色皮膚意味著貧困、失業和流浪街頭，黑人為爭得一席之地而苦苦奮鬥。喬治·約翰遜是他們中的佼佼者。他來自黑人家庭，也服務於廣大的黑人同胞。

那麼，在這樣一個種族歧視嚴重的國度，一個一文不名，靠借來的四百七十美元起家的黑人小伙子，他是如何變成擁有資本八千萬美元的大公司老闆，成為美國的黑人大亨，取得令人瞠目的成就呢？

約翰遜是個有心人。最初他在一家名為「富勒」的大公司負責推銷黑人專用的化妝品。然而，他雖竭盡全力，卻成效甚微。

為什麼？他思考再三，終於悟出：「我推銷的商品是特殊商品，其特殊之處就在於消費者是黑人。黑人在美國的經濟和社會地位普遍低下，教育程度也大大落後於白人。他們不僅購買力有限，而且大多數人還不懂得如何使用化妝品，甚至連使用化妝品的欲望也沒產生呢……」

他必須摒棄「鼓勵需要者購買我的商品」這種一般性的做法，而另闢新路：「誘導不需要者產生需要。」

這一認識為約翰遜的推銷生涯帶來一次質的飛躍，為他開創一種全新的推銷方式奠定了基礎。

怎樣讓黑人婦女喜歡化妝品呢？

關鍵是要讓她們體驗到化妝前後的差別，以活生生的事實刺激她們想修飾自己的欲望。左思右想，約翰遜冒著賠本甚至丟掉「飯碗」的危險，採行了一種「先用後買」的全新推銷方式。

以柔克剛

釋義

「以柔克剛」意為：用軟的、溫和的去制服硬的、剛強的。比喻避開鋒芒，用溫和的手法取勝。這是一種很高超的鬥爭謀略，由於所遇的具體情況千差萬別，因而其表現形式也就變化多端。但總的來說，表現形式有：柔的、軟的、溫和的，很合乎禮儀的方式、方法或手段，其目的是戰勝敵人。

此計的優越性：第一，能爭得輿論的同情和支持；第二，能贏得時間，化被動為主動；第三，能逐步挫傷敵手的士氣和銳氣。

謀略典故

這智謀見於《三國演義》一百二十回『薦杜預老將獻新謀，降孫皓三分歸一統』。

講的是：魏國滅掉蜀國之後，派羊祜鎮守襄陽，以防東吳進犯。羊祜帶兵鎮守襄陽，墾田種地，安撫百姓，一心一意守好邊界。他接受東吳守軍的獵物和酒，也為東吳將領陸抗送藥醫病。用這種以柔克剛的策略，他安定了邊界，守住了疆土。

典故名篇

❖ 拿破崙優待俘虜，收買人心

一七九七年2月，拿破崙率領法軍越過波河，進入羅馬教皇領地，同教皇軍作戰。謝尼奧戰役進行期間，他抓到了大批俘虜。這些俘虜都是義大利人。考慮到當時的形勢並權衡得失，他決定釋放全部俘虜。

釋放俘虜前，他用義大利語向俘虜們做了一次演說，高談所謂義大利的自由和教皇制的種種弊病，並自我誇耀：「我是義大利各族人民的朋友，特別是羅馬人的朋友。我是為你們的幸福到這裡來。現在把你們釋放了，請你們回去告訴你們家鄉的人：法軍是宗教、秩序和窮人的朋友。」對於拿破崙的寬大為懷，俘虜們萬分感激。於是，歡呼聲代替了恐懼感，戰爭中的仇人變成了恩人。果然，這批被釋放的俘虜都成了拿破崙的義務宣傳員，到處宣傳拿破崙是真正愛護義大利人的好朋友。

釋放俘虜的消息迅速傳開，甚至傳到偏遠的亞平寧山區，進入許多農家茅舍。這為後來拿破崙在義大利採取軍事行動和進行統治創造了良好的條件。

❖ 島井信治郎恩威並施

島井信治郎是日本三得利公司的老闆，對工作極其認真，不允許下屬有任何工作上的失誤。一旦發現失誤，他就會暴跳如雷，毫不留情地破口大罵。

有一次，一名員工忍受不了島井信治郎嚴厲而令人難堪的責罵，當場暈倒在地。從此，每當島井信治郎下去巡視時，員工們就會悄悄傳告：「敵機來了！」其實，島井信治郎在生活中並非如此，他私下對下屬的關心，簡直無微不至。

創業之初，三得利公司的條件很艱苦，寢室的衛生狀況很差，臭蟲處處。一天，島井信治郎聽到一名員工抱怨；「該死的臭蟲，攪得我一晚上沒睡好！」當天晚上，員工們熟睡之後，島井信治郎拿著蠟燭，躡手躡腳地進入寢室，到柱子的裂縫中，櫃子的空隙中為員工們抓臭蟲。一名員工偶然起床，看見老闆的舉動，感動得熱淚盈眶。

三得利公司的高級職員作田剛進入公司不久，父親就不幸去世。作田不願驚動公司裡的人，想獨自辦完喪事。但是，出殯的那一天，島井信治郎帶領全公司的人去幫忙，令他感動不已。

正因為這樣，三得利公司的職員都願意為老闆賣力，對老闆的苛求也能夠理解。至於那句「敵機來了」，其實不帶什麼「敵意」。它就好像一句「老闆來了」的代名詞！

❖ 亞伯蘭全身而退

「以柔克剛」是一種高超的鬥爭謀略，依據每個人所遇到的不同情況，其操作方式也有所不同。但總的來說，這一謀略多用於面對強大的對手、敵人或突如其來的情況。在處於不利的地位或力量弱小的情況下，首先應設法避開對手的鋒芒，消磨其銳氣，鬆懈其鬥志，再思取勝於敵之道。此種謀略可推廣運用到各個領域。

古埃及地處尼羅河三角洲，土地肥沃，灌溉方便，一般旱災不足以構成對農業、畜牧業的重大威脅。因此，遭受旱災的遊牧民族常常來這裡逃荒。

據《聖經》記載，到埃及逃荒的希伯來牧民亞伯蘭（後更名為亞伯拉罕）的妻子撒萊生就一副閉月羞花之貌、沉魚落雁之容。遊牧民族以帳篷為宅，女人總得在外拋頭露面。在虎視眈眈的環境中，經驗豐富的亞伯蘭知道妻子的美貌難免招惹是非。

為了自身的安全，族人的生存，他把愛妻叫到跟前，鄭重地說：「你容貌俊美、出眾，埃及人看見你，必說：『這是他的妻子。』他們就會殺了我，留下你供他們玩樂。求你在外邊說，你是我的妹子，使我因你得平安，我性命也因你得保全。」

撒萊本性溫順，一切聽從丈夫的安排。於是，到了埃及，夫婦倆便以兄妹相稱。果然，在埃及沒過多少時間，撒萊的美麗便出了名。

法老的大臣（宰相）借故召見亞伯蘭，要親自考查一番。他一見撒萊，就驚得話都說不清楚。這大臣跑進宮中，向法老大肆稱美一番，為此，撒萊被帶進宮去，且深得法老寵愛。

做了國舅的亞伯蘭因為撒萊得寵，得到許多賞賜。他失去了妻子，卻增加了許多牛羊、駱駝、公驢、母驢和僕俾。

然而，法老因奪人之妻，受到上帝的懲罰，埃及突然遭到可怕的天災。法老召集群臣商議，才知道是他把一位部族首領的妻子納入後宮，從而激怒了希伯來人的神。他召見亞伯蘭，抱怨道：「你這是玩的什麼把戲呀？你為什麼不對我說，她是你的妻子呢？」

亞伯蘭竭力辯解。但不管怎麼說，這仍然是欺君之罪。不過，法老害怕再一次得罪希伯來人的神，於是就放亞伯蘭夫婦出埃及，回迦南去了。

亞伯蘭成功地運用「以柔克剛」的謀略，使夫婦二人保住生命，又得了財富。

〈全書終〉

國家圖書館出版品預行編目資料

智典・三國謀略學，吳希妍著，初版，新北市；新視野New Vision，2024.06
面；　公分
ISBN　978-626-98223-7-9（平裝）
1. CST：企業管理 2. CST：謀略學

494　　113004282

智典・三國謀略學

吳希妍　著

【出版者】新視野 New Vision
【製　作】新潮社文化事業有限公司
【製作人】林郁
電話：(02) 8666-5711
傳真：(02) 8666-5833
E-mail：service@xcsbook.com.tw

【總經銷】聯合發行股份有限公司
新北市新店區寶橋路 235 巷 6 弄 6 號 2F
電話：(02) 2917-8022
傳真：(02) 2915-6275

印前作業　菩薩蠻電腦科技有限公司
東豪印刷事業有限公司
福霖印刷企業有限公司

初　版　2024 年 10 月